Besser in Mathe

Differentialrechnung

Benno Mohry

Besser in Mathe

Oberstufe

Differential-rechnung

Cornelsen
SCRIPTOR

Der Autor: Benno Mohry ist ein erfahrener Mathematiklehrer. Er war lange am Gymnasium tätig und unterrichtet derzeit an einem Studienkolleg.

Bildnachweis: S. 11, 14, 20, 42, 51, 56, 62, 98: Benno Mohry, Hauset/Belgien:
S. 36: H. Drießen, Belgien; S. 25 und 69: dpa; S. 89: Klaus Puth, Mühlheim

www.cornelsen.de

Bibliografische Information: Die Deutsche Bibliothek verzeichnet diese Publikation in der Deutschen Nationalbibliografie; detaillierte bibliografische Daten sind im Internet über http://dnb.ddb.de abrufbar.

Dieser Band folgt den Regeln der deutschen Rechtschreibung, die seit August 2006 gelten.

8.	7.	6.	5.	4.	Die letzten Ziffern bezeichnen
11	10	09	08	07	Zahl und Jahr der Auflage.

Redaktion: Stefan Giertzsch, Berlin
Herstellung: Uwe Pahnke, Berlin
Umschlagentwurf: Bauer & Möhring, Berlin
Sachzeichnungen: Stefan Giertzsch, Berlin
Druck und Bindung: Tesinska Tiskarna, Cesky Tesin
Printed in the Czech Republic
ISBN 978-3-589-22250-6

Gedruckt auf säurefreiem Papier,
umweltschonend hergestellt aus chlorfrei gebleichten Faserstoffen.

Inhalt

Zu diesem Buch

Die Differentialrechnung gehört heutzutage zum zentralen Unterrichtsstoff der weiterführenden Schulen. Ihre vielfältigen Anwendungen erklären, weshalb die an der Schule erworbenen Grundkenntnisse in so überaus zahlreichen Studiengängen der Hochschule vertieft und ausgebaut werden.

Was sind ihre grundlegenden Ideen, worin liegt ihre Leistungsfähigkeit? Die Differentialrechnung stellt Methoden bereit, Veränderungen zu erfassen, sie zu beschreiben und vor allem, sie berechenbar zu machen.
Dieses Buch will helfen:

- den Zugang zur Differentialrechnung zu erleichtern,
- Versäumtes nachzuholen und aufzuarbeiten,
- Gelerntes aufzufrischen und zu wiederholen,
- auf Klausuren und Prüfungen zu trainieren.

Kapitel 1 skizziert an einem Beispiel, worum es in der Differentialrechnung geht.
In den Kapiteln 2, 3 und 4 gilt die Aufmerksamkeit den Grundbegriffen: Was ist ein Anstieg? Was ist ein Grenzwert? Was ist eine Ableitung?
In den Kapiteln 5 bis 8 wird erläutert, wie sich die Ableitungen der wichtigsten Elementarfunktionen bestimmen lassen.
Kapitel 9 stellt den Zusammenhang von Graph und Ableitung, d. h. von Zeichnung und Rechnung, in den Vordergrund.
Und schließlich werden in den Kapiteln 10 bis 12 Aufgabentypen vorgestellt, wie sie üblicherweise in Klausuren und Prüfungen vorkommen.

Das Buch lässt sich unterschiedlich nutzen:
Wer es ganz eilig hat und vor Klausuren steht, der wird möglicherweise die ersten Kapitel überblättern und sich sogleich mit den Beispielen in den letzten drei Kapiteln beschäftigen. Gut so, denn es gibt keinen besseren Weg Mathematik zu lernen, als Mathematik zu tun!
Doch nicht immer wird dieser eilige Weg der erfolgreiche sein. Vor allem dann nicht, wenn die zugrunde liegenden Begriffe, Kenntnisse und Methoden nicht hinreichend verstanden und verfügbar sind. Man kommt nicht umhin, zu dem einen oder anderen vorderen Kapitel zurückzublättern.
Bei größeren Lücken und Unsicherheiten wird man systematisch vorgehen und das Buch von vorn beginnen, um sich dann Schritt für Schritt durchzuarbeiten.

Dieses Buch kann man nicht lesen wie einen Roman! Das Durcharbeiten verlangt, sich intensiver auf die Inhalte einzulassen und sich mit ihnen auseinanderzusetzen. Erst wenn man das Gelesene eigenständig nachvollziehen kann, hat man es auch verstanden. Das gilt speziell für die angeführten Beispielaufgaben. Es nützt sehr wenig, sie zu lesen, es geht darum, sie zu lösen!

Die Übungsaufgaben spielen auch in diesem Buch eine wichtige Rolle. Aufgaben lösen bedeutet, sich den Schwierigkeiten zu stellen und sie schließlich zu überwinden. Das Lösen von Aufgaben kann man lernen. Ein großer Lehrer, der Mathematiker Georg Polya, beschreibt dies so:
„Das Lösen von Aufgaben ist eine praktische Kunst wie Schwimmen oder Skilaufen oder Klavierspielen: Sie lässt sich nur durch Nachahmung und Übung erlernen. Diese Buch kann dem Leser keinen Zauberschlüssel in die Hand geben, der alle Türen öffnet und alle Aufgaben löst, aber es bietet ihm gute Beispiele zur Nachahmung und reichliche Gelegenheit zur Übung: Wer schwimmen lernen will, muss ins Wasser gehen, und wer Aufgaben lösen will, muss Aufgaben lösen."

Ich wünsche guten Erfolg und ein Stück jener Freude, die sich stets dann einfindet, wenn Aufgaben und Schwierigkeiten bewältigt sind.

Benno Mohry

Verzeichnis der Zeichen und Abkürzungen

Bedeutung	Bezeichnung in diesem Buch
Menge der natürlichen Zahlen	**N**
Menge der ganzen Zahlen	**Z**
Menge der gebrochenen Zahlen	**Q**
Menge der reellen Zahlen	**R**
Menge der positiven reellen Zahlen	$\mathbf{R}^+$
Definitionsmenge	D
Funktion *f* in Abhängigkeit von *x*	$f(x)$
1. Ableitung der Funktion *f*	$f'(x)$
2. Ableitung der Funktion *f*	$f''(x)$
3. Ableitung der Funktion *f*	$f'''(x)$
Anstieg einer Funktion	m
Betrag von *x*	$\|x\|$
... genau dann, wenn ...	$\Leftrightarrow$
... ist Element von ...	$\in$
... ist nicht Element von ...	$\notin$
... ist ungefähr ...	$\approx$
... ist ungleich ...	$\neq$
unendlich	∞
und (Konjunktion)	$\wedge$
oder (Disjunktion)	$\vee$
n-te Wurzel aus *x*	$\sqrt[n]{x}$
Logarithmus von *x* zur Basis *a*	$\log_a x$
Logarithmus *x* zur Basis e (natürlicher Logarithmus)	$\ln x$
Logarithmus *x* zur Basis 10 (dekadischer Logarithmus)	$\lg x$
geschlossenes Intervall	$[a;b]$
offenes Intervall	$]a;b[$
Punkt *P*	P
Punkt *P* mit Koordinaten	$P(2\|3)$
Minimum	MIN
Maximum	MAX
Wendepunkt	WP
Nullstelle	NS
Kreiszahl π (3,14159...)	π
EULER'sche Zahl (2,71828...)	e
Differenz der *x*-Koordinaten	Δx
Differenz der *y*-Koordinaten	Δy
Grenzwert einer Folge (*n* geht gegen unendlich)	$\lim\limits_{n \to \infty} a_n$

1. Gut – Besser – Am besten

1. Ein Problem aus der Praxis

Der Paketdienst EUROTRANS befördert zylinderförmig verpackte Güter nur dann, wenn Länge und Umfang der Packung zusammen höchstens 120 cm betragen. In der Versandabteilung einer Firma überlegt man: Bei welchen Abmessungen ist das Volumen der Zylinder möglichst groß?

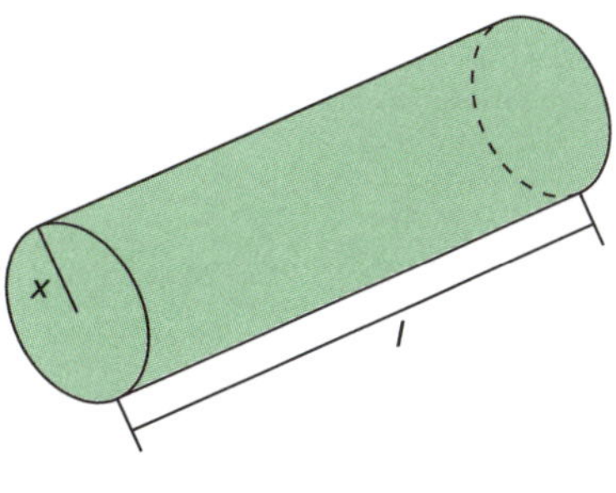

Zunächst ist dieses Problem in die Sprache der Mathematik zu übersetzen. Es geht darum, das Volumen möglichst groß zu machen. Ein solches Problem nennt man **Extremalproblem.** Hier seine (vorläufige) Lösung:

1. Zielfunktion

Ziel ist es, das Volumen des Zylinders zu maximieren. Das Volumen ist durch die Länge l und den Grundkreisradius x bestimmt; d. h.:

Volumen = Grundfläche · Höhe

$V(x, l) = x^2 \pi l$ (Zielfunktion)

2. Nebenbedingung

Die Zielfunktion V (x, l) ist eine Funktion der beiden Variablen x und l! Sie können nicht beide beliebig gewählt werden, das erlaubt der Paketdienst verständlicherweise nicht. Er erlaubt:

Länge + Umfang = 120

$l + 2\pi x = 120$

$l = 120 - 2\pi x$ (Nebenbedingung)

3. Reduzierung der Zielfunktion auf eine Variable

Die Nebenbedingung entschärft das Problem. Sie ermöglicht, die Zielfunktion mit nur einer Variablen zu schreiben:

$V(x) = x^2\,\pi(120 - 2\pi x)$

Negative Volumina machen keinen Sinn; d. h. $120 - 2\pi x \geq 0$ oder $x \leq \frac{60}{\pi}$.

Damit ist die Übersetzung in die mathematische Sprache abgeschlossen. Es geht um die Funktion

$V\colon \left[0 \middle| \frac{60}{\pi}\right] \rightarrow \mathbf{R}^+$

$x \rightarrow V(x) = x^2\,\pi(120 - 2\pi x)$

Gesucht wird jenes Argument x, für das V möglichst groß wird.

4. Eine erste Lösung

Bilder sind ein mächtiges Werkzeug, um Einsichten in Zusammenhänge zu fördern. Was liegt näher, als für die zur Diskussion stehende Funktion V eine Wertetafel aufzustellen und dann ihren Graphen zu zeichnen!

x	V(x)
0	0
2	1349
4	4767
6	9305
8	14019
10	17961
12	20184
14	19743
16	15691
18	7081
$\frac{60}{\pi}$	0

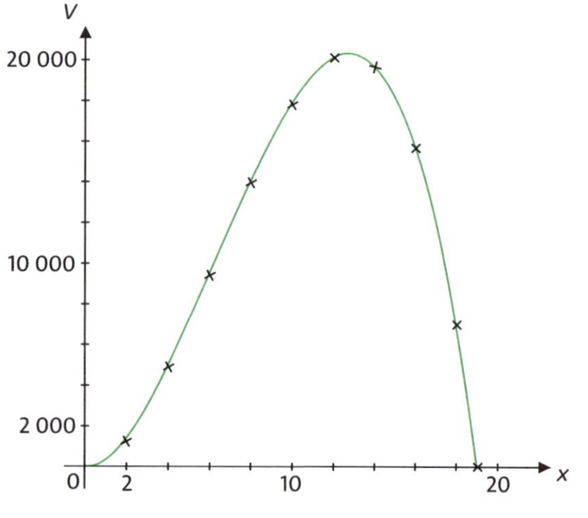

Tabelle und Graph zeigen: Das größtmögliche Volumen erhält man, wenn der Radius $x \approx 12$ cm und die Länge $l \approx 44{,}6$ cm gewählt werden.

2. Offene Fragen

Dem Praktiker mag dieses Näherungsergebnis genügen. Man überzeugt sich schnell, dass mit x = 12 das größtmögliche Volumen nur annähernd erreicht wird. So führt beispielsweise der Radius x = 13 zum Volumen 20356 und x = 12,5 sogar zu 20361.
Systematisches Suchen im Bereich 12 bis 13 führt näher an die optimale Lösung; ein solches Probierverfahren garantiert jedoch nicht, dass die optimale Lösung haargenau erfasst wird!

Was ist nun das Charakteristische dieser optimalen Lösung?
Wie kann man sie dingfest machen – nicht nur nach Augenschein und Probieren?
Wie kann man erkennen, dass wieder x = 12,5 noch x = 12,7 exakte Lösungen sind?
Kann man überhaupt die exakte Lösung zweifelsfrei erkennen?

Man kann! Die Differentialrechnung hat Methoden entwickelt, Probleme dieser und ähnlicher Art exakt zu lösen. Doch worin bestehen diese Methoden?
Den Ausgangspunkt bilden stets ein funktionaler Zusammenhang und ein dieser Methode angemessenes Verständnis von Funktionen. Eine gängige Vorstellung betont einen sehr statischen Funktionsbegriff nach dem Motto: Zu x gehört der Funktionswert von x.
Wir favorisieren eine dynamischere Vorstellung von Funktionen. Es interessiert eben nicht nur die Fülle einzelner Funktionswerte, sondern vielmehr der ihnen innewohnende Trend. Wie verändern und wandeln sie sich, wie entwickeln sie sich? Es ist ähnlich wie bei einem Film. Zwar besteht auch er aus einer Fülle von Momentaufnahmen; doch interessieren uns die bewegten Bilder.

So auch in unserem Beispiel! Hier wird diese funktionale Beziehung von Radius x und Volumen V erzeugt, denn zu jedem Radius x gehört ein ganz bestimmtes Volumen V(x). Uns interessiert jedoch mehr als dieses statische „zu x gehört V(x)“!
Für uns ist bedeutsam, wie sich der Funktionswert V(x) entwickelt, wenn sich das Argument x ändert. Unser Beispiel zeigt:
Bei kleinem Radius ist auch das Volumen gering; mit wachsendem Radius nimmt das Volumen zunächst stark zu, dann nur noch schwach. Bei noch größeren Radien hört die Volumenzunahme schließlich ganz auf, sie kehrt sich um in eine Volumenabnahme. Und damit ist im Prinzip auch die optimale Lösung gefasst: Man findet sie dort, wo die Zunahme aufhört und die Abnahme beginnt!

Es bleiben offene Fragen wie beispielsweise:
Wie ändern sich die Funktionswerte?
Wie sehen die Funktionswerte in unmittelbarer Nachbarschaft aus?
Ist eine Funktion zunehmend oder abnehmend, und ist sie überall zu- oder abnehmend?
Ist die Zunahme stark oder schwach?
Wo hört die Zunahme auf und wo fängt die Abnahme an?
Und vor allem: Lassen sich diese Fragen systematisch beantworten?
Wie lassen sich rechnerische Antworten finden?

2. Wie steil?

1. Gerade und Geradensteigung

Eine Gerade g wird beschrieben durch eine lineare Funktionsgleichung, d. h. durch eine Gleichung der Form $y = mx + n$.

n heißt **y-Achsenabschnitt** der Geraden und gibt an, an welcher Stelle die Gerade g die y-Achse schneidet.

m heißt **Steigung** oder **Anstieg** der Geraden und gibt an, wie steil die Gerade g ansteigt bzw. fällt.

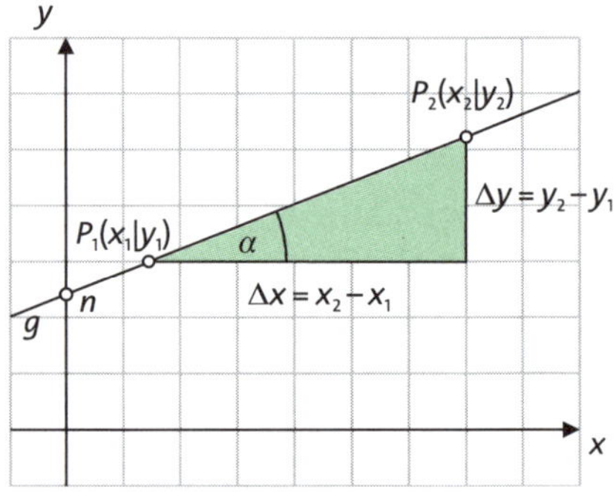

Sind $P_1\,(x_1 \mid y_1)$ und $P_2\,(x_2 \mid y_2)$ zwei Punkte der Geraden g, so lässt sich die Steigung aus dem Steigungsdreieck ablesen:

$$m = \frac{\text{Differenz der y-Koordinaten}}{\text{Differenz der x-Koordinaten}}$$

$$m = \frac{\Delta y}{\Delta x} = \frac{y_2 - y_1}{x_2 - x_1} = \frac{y_1 - y_2}{x_1 - x_2}$$

m ist also im Steigungsdreieck das Verhältnis von Gegenkathete zu Ankathete; für den Steigungswinkel α gilt deshalb auch: $m = \tan \alpha$.

Beispiel

Die Gerade g verläuft durch die Punkte A (–2|4) und B (4|1).

a) Wie steil ist g, d. h., welchen Anstieg hat die Gerade g?

b) Wie lautet ihre Funktionsgleichung?

c) Liegen die Punkte $C_1(8|-1)$, $C_2(-10|7)$, $C_3(46|-20)$ auf der Geraden g oder nicht?

d) Was lässt sich über Punkte der Geraden g aussagen, die in der Nähe von D (12|– 3) liegen?

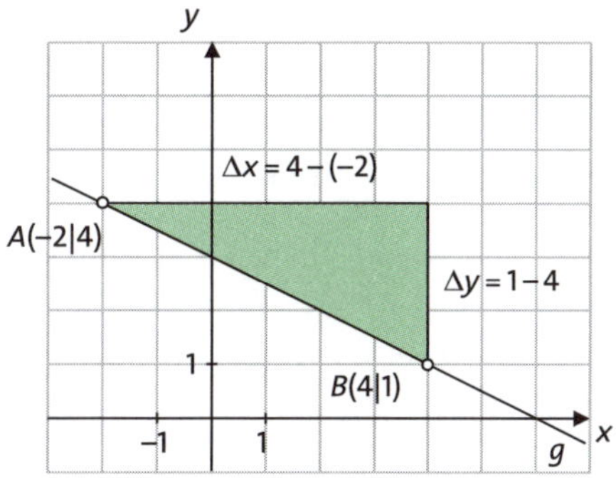

e) Die Gerade k ist parallel zu g und verläuft durch E(2|3). Wie lautet ihre Gleichung?

Zu a) Es ist: $m = \frac{\Delta y}{\Delta x} = \frac{1-4}{4-(-2)} = \frac{-3}{6} = -\frac{1}{2}$.

Der Anstieg ist negativ, die Gerade ist fallend.

Zu b) Die Funktionsgleichung ist von der Form: $y = mx + n$.

Es ist $m = -\frac{1}{2}$, d. h.: $y = -\frac{1}{2}x + n$.

Außerdem ist A (–2|4) ∈ g, d. h.: $4 = -\frac{1}{2}(-2) + n$, d. h. $n = 3$.

Die Gleichung von g: $y = -\frac{1}{2}x + 3$

Zu c) $C_1\ (8|-1) \in g$, denn: $-1 = -\frac{1}{2} \cdot 8 + 3$ ist richtig.

$C_2\ (-10|7) \notin g$, denn: $7 = -\frac{1}{2}(-10) + 3$ ist falsch.

$C_3\ (46|-20) \in g$, denn: $-20 = -\frac{1}{2} \cdot 46 + 3$ ist richtig.

Zu d) Wir untersuchen rechte und linke Nachbarn von D (12|– 3).

Für einen rechten Nachbarn $D_r\ (x_r|y_r)$ gilt:

$x_r = 12 + 0{,}01$ und $y_r = -\frac{1}{2}(12 + 0{,}01) + 3 = -3 - 0{,}005$

Für einen linken Nachbarn $D_l\ (x_l|y_l)$ gilt:

$x_l = 12 + 0{,}01$ und $y_l = -\frac{1}{2}(12 - 0{,}01) + 3 = -3 + 0{,}005$

Der rechte Nachbar D_r liegt etwas tiefer, der linke Nachbar etwas höher als D.

Die elegantere Untersuchung prüft einen beliebigen Nachbarn von D. Für jeden Nachbarn $D_n(x_n|y_n)$ gilt:

$x_n = 12 + \Delta x$ und $y_n = -\frac{1}{2}(12 + \Delta x) + 3 = -3 - \frac{1}{2}\Delta x$.

Für einen rechten Nachbarn ist $\Delta x > 0$, für einen linken Nachbarn ist $\Delta x < 0$.

An y_n erkennt man: Ein rechter Nachbar liegt etwas tiefer, ein linker etwas höher als D.

Klar, denn man weiß doch auch, dass die Gerade g fallend ist.

Zu e) Wegen der Parallelität gilt für die Gerade k ebenfalls $m = -\frac{1}{2}$.

Es in $m = -\frac{1}{2}$ und $E(2 \mid 3) \in k$, d. h.: $3 = -\frac{1}{2} \cdot 2 + n$, d. h. $n = 4$.

Die Gleichung von k: $y = -\frac{1}{2}x + 4$.

2. Steiler und flacher

Geraden haben nichts Aufregendes und Überraschendes. Zwar mag ihre Gleichförmigkeit schal und monoton erscheinen: Einmal steigend, immer steigend! Einmal Steigung m, immer Steigung m! Klar, denn selbst die winzigste Änderung, und eine Gerade ist nicht mehr gerade! Und doch ist es genau diese Einfachheit, die Geraden so leicht kalkulierbar und so bedeutsam auch für unsere Kurven macht.
Wie anders die anderen Kurven! Hier ändert sich die Steigung fortwährend wie bei einer Berg- und Talfahrt. Wie lässt sich die Steigung messen, wenn sie sich so unbeständig und veränderlich gibt? Die zugrunde liegende Denk- und Lösungsstrategie basiert auf:

1. der Einbeziehung der Umgebung,
2. der konsequenten Nutzung der Geraden,
3. der schrittweisen Verfeinerung und Verbesserung der provisorischen Lösung.

Beispiel

Wir illustrieren dies am Beispiel des Graphen von $y = \frac{1}{x}$.

Wie steil ist der Graph exakt an der Stelle $x = 2$? Eine Wertetafel verhilft zu einem ersten Überblick:

x	...	$\frac{1}{10}$	$\frac{1}{2}$	$\frac{1}{3}$	1	2	3	10	...
y	...	10	2	3	1	$\frac{1}{2}$	$\frac{1}{3}$	$\frac{1}{10}$	...

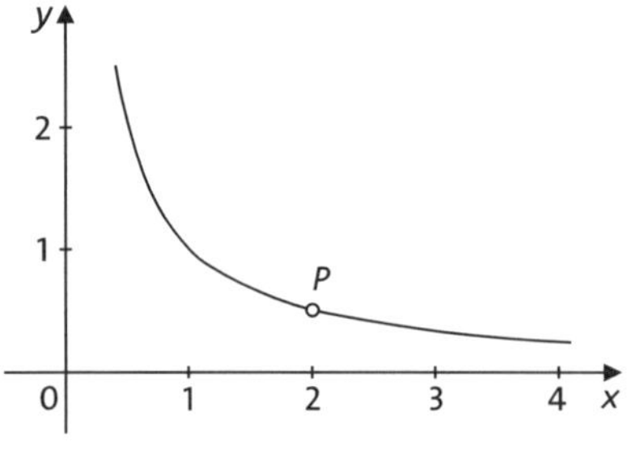

Man sieht: der Graph ist überall fallend, allerdings wird er mit zunehmendem x flacher und flacher.

1. Einbeziehung der Umgebung

Wir wählen Nachbarpunkte von $P\left(2\,\middle|\,\frac{1}{2}\right)$, einen linken $P_{l1}\left(2-1\,\middle|\,1\right)$ und einen rechten $P_{r1}\left(2+1\,\middle|\,\frac{1}{3}\right)$.

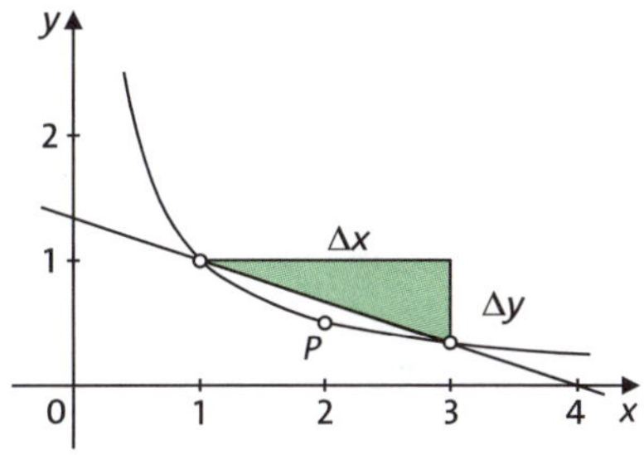

2. Nutzung der Geraden

Die Gerade $P_{l1}P_{r1}$ liefert einen ersten vorläufigen Wert für die gesuchte Steigung des Graphen an der Stelle x = 2:

$$m_1 = \frac{\Delta y}{\Delta x} = \frac{\frac{1}{3}-1}{3-1} = -\frac{1}{3} \approx -0{,}3333.$$

3. Schrittweise Verfeinerung

Je dichter die Nachbarpunkte P_l, P_r und P liegen, desto genauer gibt P_lP_r die Steigung m des Graphen an:

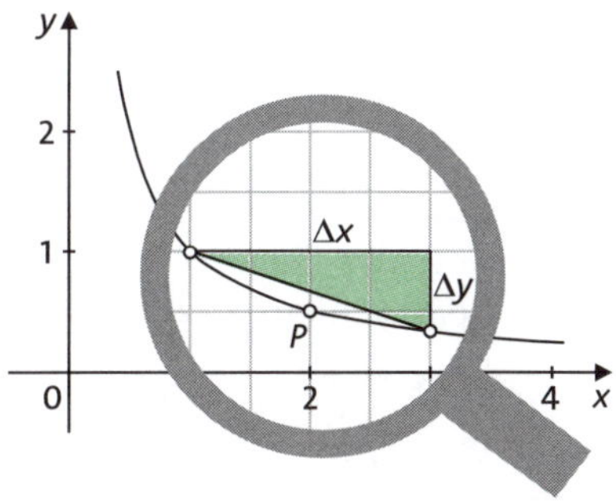

a) $P_{l2}\left(2-\frac{1}{2}\,\middle|\,\frac{2}{3}\right)$, $P_{r2}\left(2+\frac{1}{2}\,\middle|\,\frac{2}{5}\right)$ ergeben den besseren Wert:

$$m_2 = \frac{\Delta y}{\Delta x} = \frac{\frac{2}{5}-\frac{2}{3}}{\frac{5}{2}-\frac{3}{2}} = -\frac{4}{15} \approx -0{,}2667.$$

b) $P_{l3}\left(2-\frac{1}{10}\,\middle|\,\frac{10}{19}\right)$, $P_{r3}\left(2+\frac{1}{10}\,\middle|\,\frac{10}{21}\right)$ ergeben den noch besseren Wert:

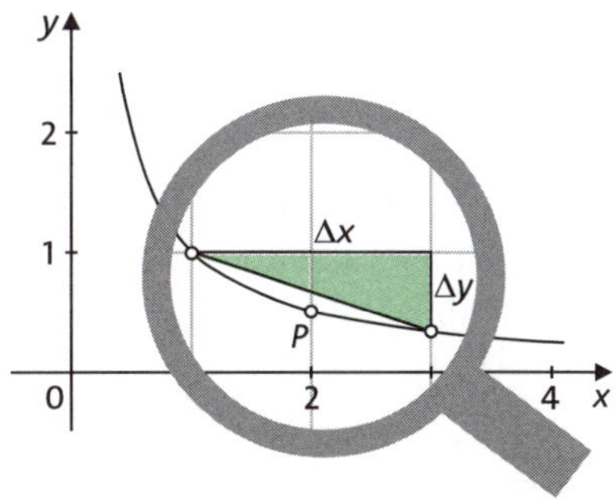

$$m_3 = \frac{\Delta y}{\Delta x} = \frac{\frac{10}{21}-\frac{10}{19}}{\frac{21}{10}-\frac{19}{10}} = -\frac{100}{19\cdot 21} \approx -0{,}2506.$$

c) … und so weiter …

Dieses Verfahren hat Methode! Mit jedem Schritt kommt man der exakten Lösung näher. Die Steigung des Graphen bei x = 2, so scheint es, ist m = – 0,25.

3. Roter Faden

Steigungen

Beispiele:

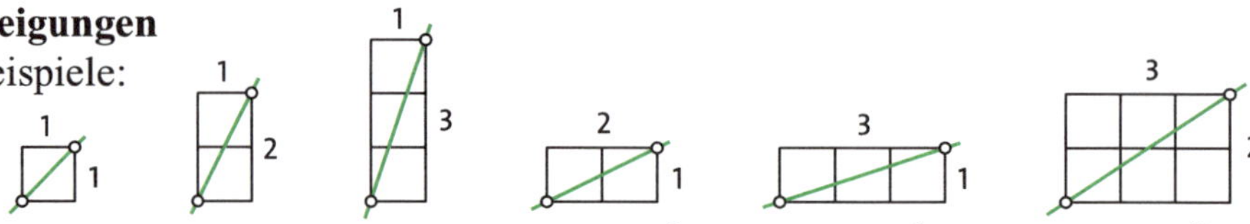

Steigung 1 | Steigung 2 | Steigung 3 | Steigung $\frac{1}{2}$ | Steigung $\frac{1}{3}$ | Steigung $\frac{2}{3}$

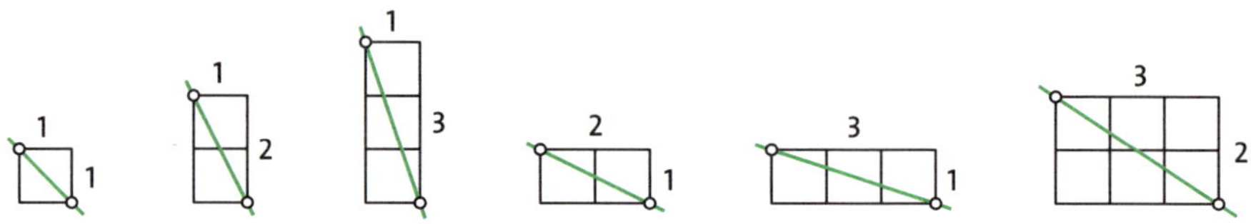

Steigung −1 | Steigung −2 | Steigung −3 | Steigung $-\frac{1}{2}$ | Steigung $-\frac{1}{3}$ | Steigung $-\frac{2}{3}$

Steigungsdreieck

Das Steigungsdreieck einer Geraden wird gebildet aus der Verbindungsstrecke zweier Punkte $P_1(x_1|y_1)$, und $P_2(x_2|y_2)$ der Geraden und der Parallelen durch diese Punkte zu den beiden Koordinatenachsen. Die Steigung m ist

$$m = \frac{\Delta y}{\Delta x} = \frac{y_2 - y_1}{x_2 - x_1}.$$

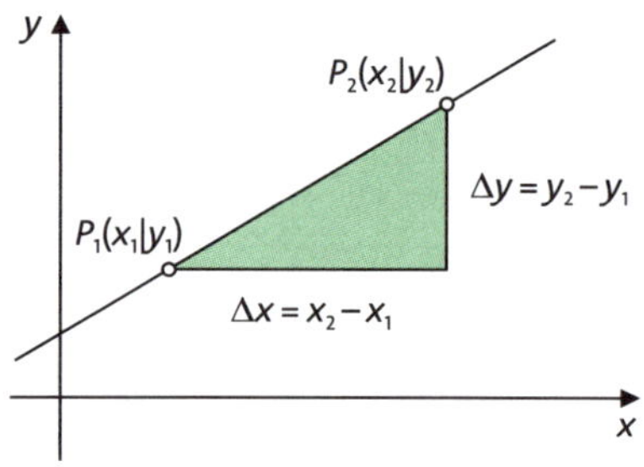

Parallele Geraden

Geraden sind genau dann parallel, wenn sie gleiche Steigungen haben; d. h.

$g \parallel k \Leftrightarrow m_g = m_k$.

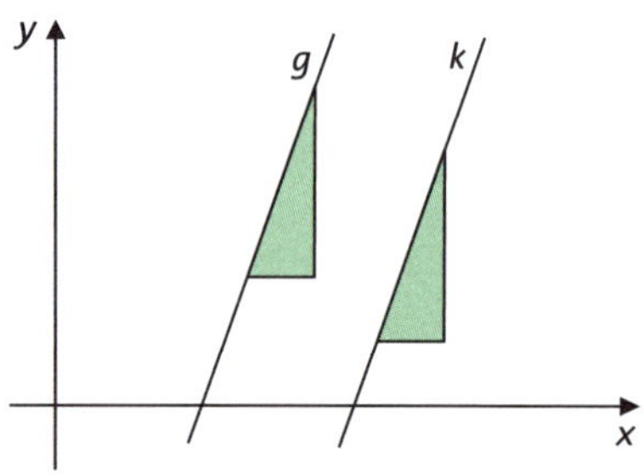

Geradengleichung

Eine Gerade g wird durch eine lineare Funktionsgleichung beschrieben:

1. g: $y = mx + n$
   m bedeutet den Anstieg,
   n bedeutet den y-Achsenabschnitt.
2. g: $\frac{y - y_1}{x - x_1} = m$
   m bedeutet den Anstieg,
   $P_1(x_1 | y_1)$ ist ein Punkt von g (Punkt-Anstiegs-Form).
3. g: $\frac{y - y_1}{x - x_1} = \frac{y_2 - y_1}{x_2 - x_1}$
   $P_1(x_1|y_1)$, $P_2(x_2|y_2)$ sind zwei Punkte von g (Zweipunkteform).

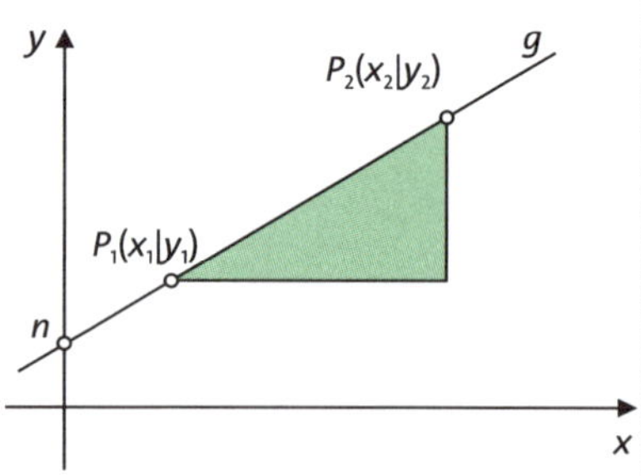

4. Übungen

1. Zeichnen Sie jeweils das Steigerungsdreieck und bestimmen Sie die Geradengleichung.

a)

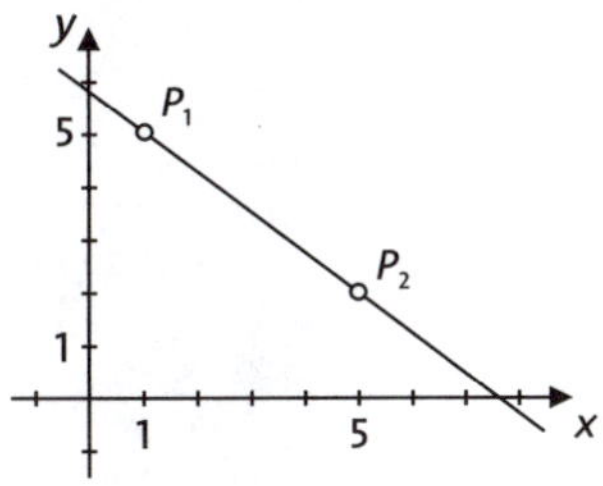

b)

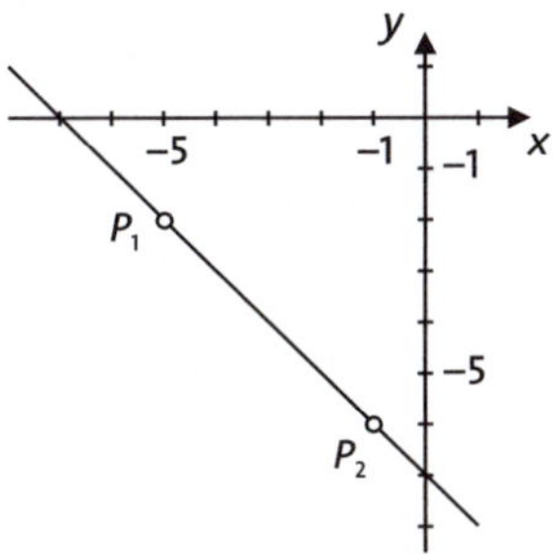

c)

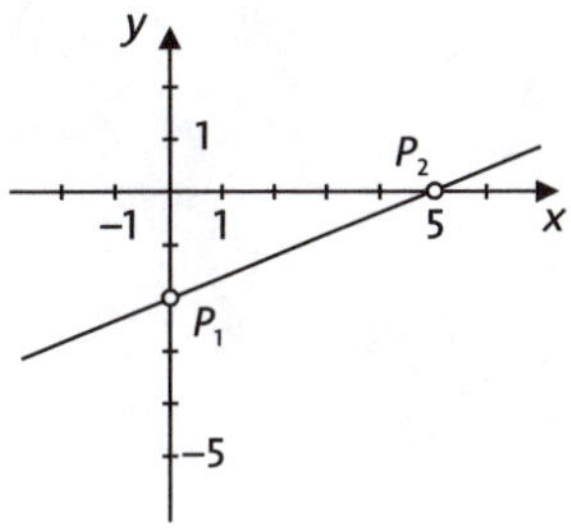

2. **a)** $y = -3x + 4$ **b)** $y - 3 = \frac{3}{4}(x-8)$ **c)** $5x + 2y = 4$

$A_1\,(2|\;),\ A_2\,(20|\;),\ A_3\,(\;|2),\ A_4(\;|0)$,

$B_1\,(2|\;),\ B_2\,(20|\;),\ B_3\,(\;|2),\ B_4\,(\;|0)$,

$C_1\,(2|\;),\ C_2\,(20|\;),\ C_3\,(\;|2),\ C_4(\;|0)$.

Die Gleichungen beschreiben Geraden.
Zeichnen Sie die zugehörigen Geraden in ein Koordinatensystem und geben Sie die Steigung jeder Geraden an.
Vervollständigen Sie jeweils die fehlende Koordinate so, dass der Punkt auf der Geraden liegt.

3. Die Gerade g ist bestimmt durch die Punkte A $(-4|5)$ und B $(2|-4)$.

a) Zeichnen Sie die Gerade g in ein Koordinatensystem.
b) Zeichnen Sie ein Steigungsdreieck und bestimmen Sie die Steigung.
c) Geben Sie eine Gleichung für g an.
d) Wo schneidet g die x-Achse, wo die y-Achse?
e) Die Gerade p ist parallel zu g und verläuft durch P $(2|3)$. Zeichnen Sie p und geben Sie eine Gleichung für p an.

4. **a)** Zeichnen Sie den Graphen zu $y = x^2$.
b) Es soll – näherungsweise – die Steigung des Graphen in $Q(1|1)$ berechnet werden. Wählen Sie wiederum linke und rechte Nachbarpunkte auf dem Graphen:

b1) $L_1\,(1-1|\ldots)$, $R_1\,(1+1|\ldots)$. Welche Steigung hat die Gerade L_1R_1?

b2) $L_2\,(1-\frac{1}{2}|\ldots)$, $R_2\,(1+\frac{1}{2}|\ldots)$. Welche Steigung hat die Gerade L_2R_2?

b3) $L_3\,(1-\frac{1}{10}|\ldots)$, $R_3\,(1+\frac{1}{10}|\ldots)$. Welche Steigung hat die Gerade L_3R_3?

b4) $L_4\,(1-\frac{1}{100}|\ldots)$, $R_4\,(1+\frac{1}{100}|\ldots)$. Welche Steigung hat die Gerade L_4R_4?

...

b5) Wie steil ist der Graph demnach in $Q(1|1)$?

3. Grenzwerte

1. Unendlich und doch endlich

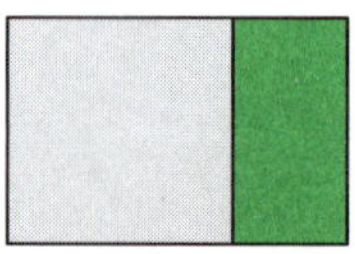

Wir addieren: $a_1 = 1 + \frac{1}{2}$,

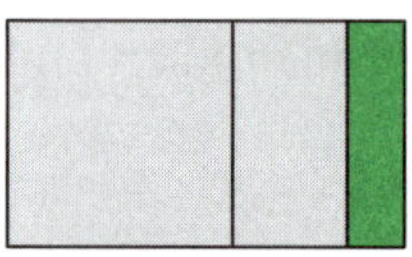

und addieren: $a_2 = 1 + \frac{1}{2} + \frac{1}{4}$,

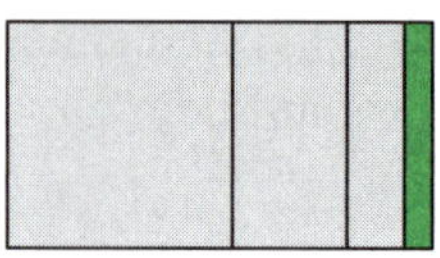

und weiter : $a_3 = 1 + \frac{1}{2} + \frac{1}{4} + \frac{1}{8}$,

und noch weiter : $a_{10} = 1 + \frac{1}{2} + \frac{1}{4} + \frac{1}{8} + \frac{1}{16} + \frac{1}{32} + \frac{1}{64} + \frac{1}{128} + \frac{1}{256} + \frac{1}{512} + \frac{1}{1024}$

...

immer weiter: $a_n = 1 + \frac{1}{2} + \frac{1}{4} + \frac{1}{8} + \frac{1}{16} + \ldots + \frac{1}{2^n}$

...

endlos weiter: $a = 1 + \frac{1}{2} + \frac{1}{4} + \frac{1}{8} + \frac{1}{16} + \ldots + \frac{1}{2^n} + \ldots$

Die Folge der Summen $a_1, a_2, a_3, \ldots, a_{10}, \ldots, a_n, \ldots$ hat von Schritt zu Schritt mehr Summanden, schließlich werden es endlos viele. Die Summen werden größer und größer, sie hören nicht auf zu wachsen.
Und dennoch: Die Summen werden keineswegs beliebig groß! Sie streben der Zahl 2 zu und stabilisieren sich bei diesem Wert. Man erkennt dies auf unterschiedliche Weise:

1. grafisch

Die Bilderfolge veranschaulicht dieses endlose Summieren.

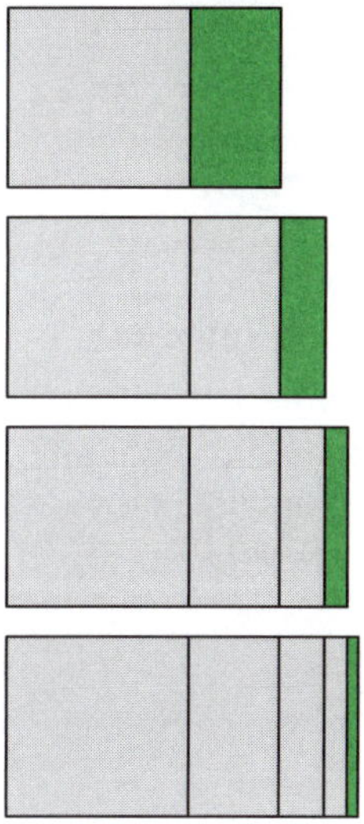

Sie zeigt: Die Summen rücken dem Wert 2 beliebig dicht auf dem Pelz!

2. rechnerisch

Mit einem Taschenrechner erhält man rasch die ersten Folgenglieder:

$a_1 = 1{,}5$
$a_2 = 1{,}75$
$a_3 = 1{,}875$
$a_4 = 1{,}9375$
$a_5 = 1{,}9688$
$a_6 = 1{,}9844$
$a_7 = 1{,}9922$
$a_8 = 1{,}9961$
$a_9 = 1{,}9980$
$a_{10} = 1{,}9990$
...

Man erkennt: Die Summen streben auf 2 zu.

3. begründend

Bilder und Zahlen können täuschen! Aber sie helfen, die Folgenglieder in ganz anderer Gestalt zu sehen:

$a_1 = 2 - \frac{1}{2}$

$a_2 = 2 - \frac{1}{4}$

$a_3 = 2 - \frac{1}{8}$

...

$a_{10} = 2 - \frac{1}{1024}$

...

$a_n = 2 - \frac{1}{2^n}$

Man erkennt auch hier: Die Summen unterscheiden sich – wenn nur weit genug addiert wird – beliebig wenig von 2.

Eine Zahlenfolge $a_1, a_2, a_3, \ldots, a_{10}, \ldots, a_n, \ldots$ mit diesen Eigenschaften heißt **konvergent**, und die Zahl 2 nennt man ihren **Grenzwert**. Das bedeutet für den allgemeinen Fall:

Die Zahl a heißt Grenzwert der Folge $a_1, a_2, a_3, a_4, \ldots, a_{10}, \ldots, a_n, \ldots$ wenn die Folgenglieder $a_1, a_2, a_3, a_4, \ldots, a_{10}, \ldots, a_n, \ldots$ mit zunehmendem n der Zahl a beliebig nahe kommen.
Mit anderen Worten: Die Zahl a heißt Grenzwert, wenn sich für hinreichend große n die Folgenglieder a_n von a um beliebig wenig unterscheiden.
Man schreibt dafür: $a_n \to a$ falls $n \to \infty$
oder auch: $\lim\limits_{n \to \infty} a_n = a$.

2. Grenzwerte bei Funktionen

Die Funktion f mit $f(x) = \frac{x^3 + x}{x}$ hat bei $x = 0$ eine Besonderheit: Sie ist dort nicht definiert, weil dort der Nenner 0 ist. Wie verhält sich f, wenn man sich $x = 0$ annähert? Wir untersuchen auf drei unterschiedliche Arten:

1. grafisch

Der Graph von f – fast eine Parabel!

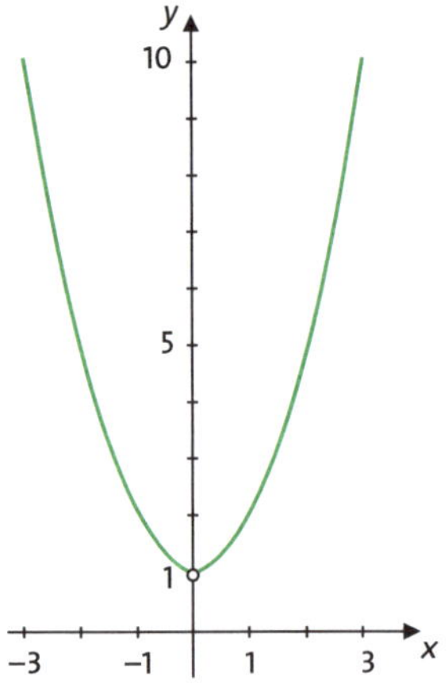

Man erkennt:
Gleichgültig, ob man sich von rechts oder links der Stelle $x = 0$ nähert, die Funktionswerte steuern dem Wert 1 zu; d. h.:
$f(x) \to 1$ für $x \to 0$ oder
$\lim\limits_{x \to 0} f(x) = 1$

2. rechnerisch

Der Taschenrechner hilft, Funktionswerte in der Nähe von $x = 0$ zu berechnen:

	x	f(x)
von rechts ↓	1	2
	0,5	1,25
	0,1	1,01
	0,01	1,0001
	0,001	1,000001
	…	…
von links ↑	−0,001	1,000001
	−0,01	1,0001
	−0,1	1,01
	−0,5	1,25
	−1	2

Man erkennt:
Je näher x an 0 heranrückt, desto näher rückt f(x) an 1 heran; d. h.:
$f(x) \to 1$ für $x \to 0$ oder
$\lim\limits_{x \to 0} f(x) = 1$

3. begründend

Geschickte Umformungen helfen, das Verhalten der Funktionen in der Nähe von 0 abzuschätzen – fast ohne Rechnung!

$$f(x) = \frac{x^3 + x}{x}$$

$$= \frac{x}{x}(x^2 + 1)$$

und für $x \neq 0$:

$$= x^2 + 1$$

Ist x eine Zahl dicht an 0, dann ist auch x^2 eine Zahl dicht an 0.

Das bedeutet:
$f(x) \to 1$ für $x \to 0$ oder

$$\lim_{x \to 0} f(x) = \lim_{x \to 0} \frac{x^3 + x}{x}$$

$$= \lim_{x \to 0} (x^2 + 1)$$

$$= 1$$

Dieses Beispiel und die in diesem Beispiel dargelegten Methoden stehen für viele!

- Grenzwerte von Funktionen können häufig bereits durch sorgfältig gezeichnete Graphen erahnt werden.
- Grenzwerte von Funktionen können durch „Heranpirschen" an die interessierende Stelle rechnerisch erkannt werden.
- Grenzwerte von Funktionen können schließlich durch geeignete, der Problemstellung angepasste Umformungen abgeschätzt werden. Die Methode ist die anspruchsvollste, aber auch die zuverlässigste und sicherste Methode; denn Bilder und Zahlenreihen können täuschen.

3. Übungen

1.

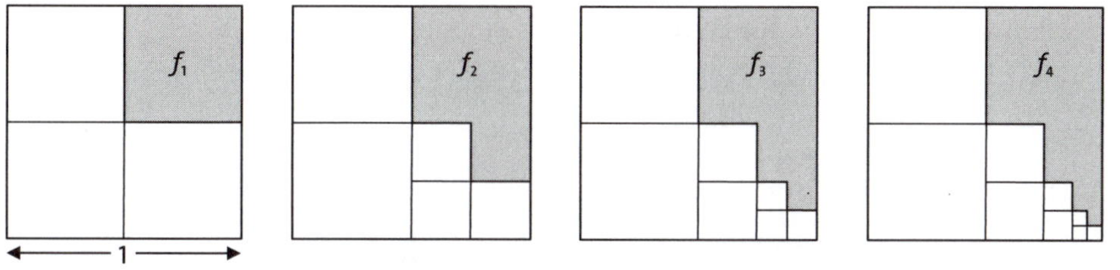

Ein Quadrat – es wird geviertelt und ein Viertel abgeschnitten.

Ein Teilquadrat wird geviertelt und ein Viertel abgeschnitten.

Wieder wird geviertelt und ein Viertel abgeschnitten.

Und wieder...

a) Beschreiben Sie formelmäßig die Summen jener Flächeneinhalte f_1, f_2, f_3, f_4, f_5, …, f_{17}, …, f_n, die nach 1, 2, 3, 4, 5, …, 17, …, n Schritten abgeschnitten wurden.

b) Berechnen Sie diese Inhalte mit dem Taschenrechner. Die Zahlenergebnisse zeigen: Diese Inhalte nehmen ständig zu. Auf welchen Wert steuern sie zu?

c) Die Inhalte lassen sich als Differenzen schreiben: $f_1 = \frac{1}{4} = \frac{1}{3} - \frac{1}{3 \cdot 4}$;

$f_2 = f_1 + \frac{1}{4^2} = \frac{1}{3} - \frac{1}{3 \cdot 4^2}$; usw.

Stellen Sie f_3, f_4, f_5, …, f_{17}, …, f_n in dieser Form dar.

Begründen Sie, dass $f = \frac{1}{3}$ Grenzwert dieser Folge ist.

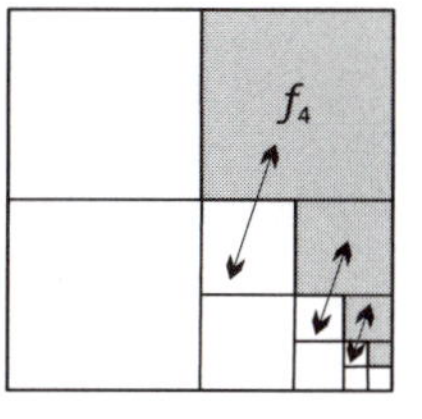

d) Die abgeschnittenen Flächen stehen mit der Restfläche in Beziehung. Stellen Sie diese Beziehung formelmäßig dar und bestimmen Sie erneut den Grenzwert f.

2. Es ist $a_1 = \frac{1}{3}$; $a_2 = \frac{2}{5}$; $a_3 = \frac{3}{7}$; $a_4 = \frac{4}{9}$; $a_5 = \frac{5}{11}$; $a_6 = \frac{6}{13}$; …; $a_{17} = \frac{17}{35}$; …

a) Geben Sie a_7; a_8; a_{10}; a_{100}; a_{1996}; a_n in Bruchschreibweise an.

b) Berechnen Sie a_1; a_2; a_3; a_4; a_5; a_6; a_{10}; a_{100}; a_{1996} mit dem Taschenrechner. Die Rechenergebnisse lassen den Grenzwert der Folge erahnen. Wie heißt er?

c) Formen Sie a_n geeignet um und bestimmen Sie den Grenzwert der Folge.

3. Ermitteln Sie Grenzwerte der dargestellten Funktionen, wenn sich x einmal von rechts, einmal von links der Stelle 2 nähert.

a)

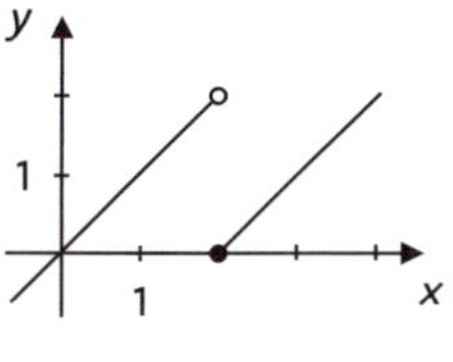

b)

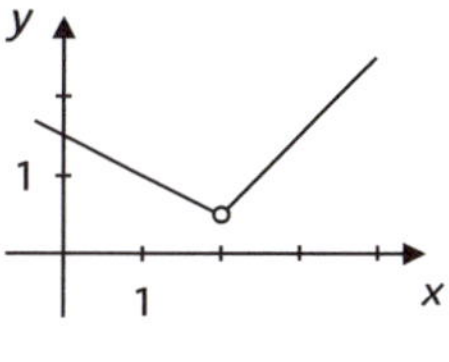

c)

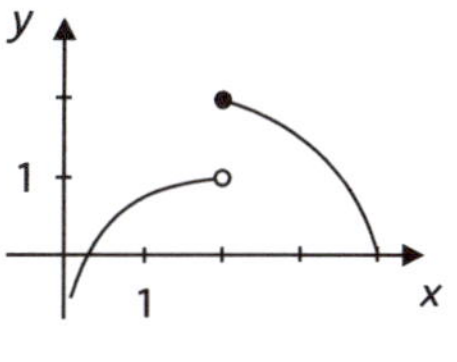

4. Es ist $f(x) = \frac{x^2 - 9}{x - 3}$. Bestimmen Sie den Grenzwert von f für $x \to 3$, indem Sie

a) den Graphen von f im Bereich [0; 6] zeichnen.

b) f(3,1), f(3,01), f(3,001), …, f(2,9), f(2,99), f(2,999) berechnen.

c) den Funktionsterm geeignet umformen.

5. Bestimmen Sie die folgenden Grenzwerte.

a) $\lim\limits_{x \to 1} \frac{x^2 + 1}{x^2 - 1}$ **b)** $\lim\limits_{x \to 0} \frac{x^2 + 1}{x^2 - 1}$ **c)** $\lim\limits_{x \to \infty} \frac{x^2 + 1}{x^2 - 1}$

4. Sekanten und Tangenten

1. Steigung in einem Kurvenpunkt

Eine Gerade ist überall gleich steil – das macht die Geradensteigung so klar und einfach. Bei Kurven ändert sich die Steilheit unentwegt – das macht die Kurvensteigung so heikel und kompliziert.
Wir stellen als Erstes fest: Während einer Geraden eine und nur eine Steigung zukommt, ist jede andere Kurve mal steiler, mal flacher.
Zu einer Kurve gehören viele, meist unendlich viele verschiedene Steigungen, denn die Steigung einer Kurve ändert sich meist von Punkt zu Punkt.

Im Allgemeinen hat man einen sicheren Blick für Steigungen. Gleichgültig, ob zu Fuß oder per Rad, ob im Auto oder im Flugzeug, man sieht und spürt sehr genau, ob es auf- oder abwärts geht, ob die Steigung stark oder schwach ist, ob sie sich fast unmerklich oder aber abrupt ändert.

Unser sicherer Blick lässt sich testen. Liest man die abgebildete Kurve – wie hierzulande allgemein üblich – von links nach rechts, dann erkennt man:
In A ist die Kurve steigend.
In B ist die Kurve flach steigend.
In C ist die Kurve fallend.
In D ist die Kurve sehr stark steigend.
Steigend – fallend, das ist wenig präzis! Wir wollen Steigungen zahlenmäßig erfassen wie bei Geraden auch. Und so sind es auch Geraden, die uns voranbringen – gepaart mit einem Quäntchen Anschauung.

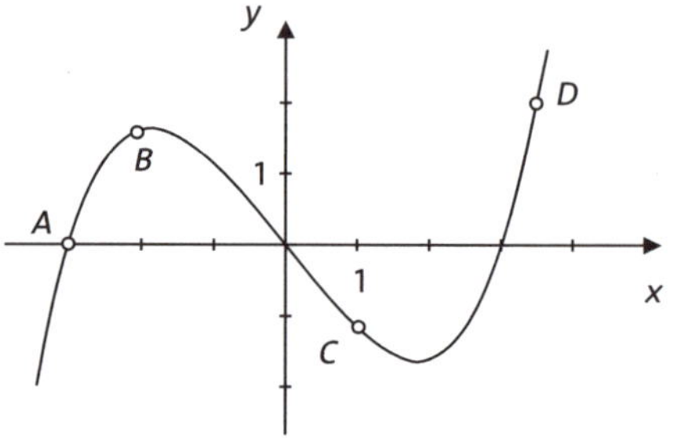

Die zweite Abbildung enthält zusätzlich Geradenstücke; nicht irgendwelche Geraden – es sind die in A, B, C, D bestangepassten Geraden an die Kurve!
So erhält man sie: Man legt z. B. durch B eine Gerade – irgendeine. Sie wird um B gedreht – recht, links. Unser Auge signalisiert untrüglich, in welcher Lage sich Gerade und Kurve bei B um möglichst wenig unterscheiden.
Eine solche Gerade ist die **Tangente** an die Kurve! Ihre Steigung lässt sich am Steigungsdreieck ablesen. Sie gibt an, wie steil die Kurve in diesem Punkt ist.
Wir erhalten:
Die Steigung der Kurve in A ist $m_A \approx 3$.
Die Steigung der Kurve in B ist $m_B \approx 0{,}5$.
Die Steigung der Kurve in C ist $m_C \approx -1$.
Die Steigung der Kurve in D ist $m_D \approx 4{,}5$.

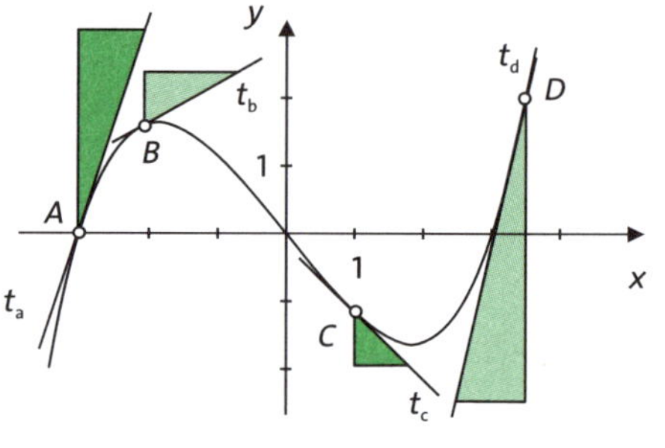

Die Steigung einer Kurve im Punkt P bestimmt sich zeichnerisch wie folgt:

1. Man zeichnet eine Sekante durch P, das ist irgendeine Gerade durch P.
2. Man dreht die Sekante um P, bis sie in der Umgebung von P der Kurve „bestangepasst“ ist; die bestangepasste Gerade durch P ist die Tangente t in P.
3. Mit dem Steigungsdreieck wird die Tangentensteigung m_t festgestellt.
4. Die Tangentensteigung gibt die Steigung der Kurve im Punkt P an.

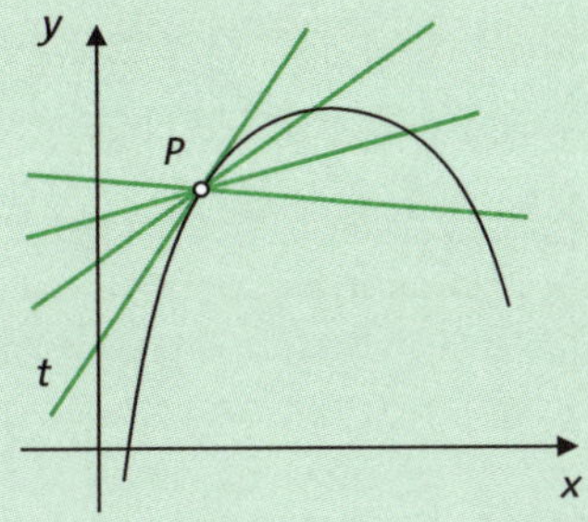

Beispiele

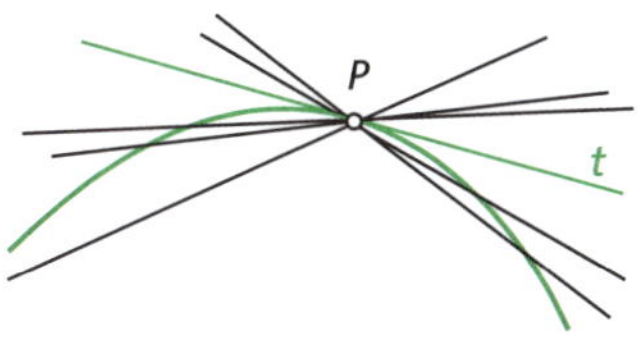

Eine Tangente, fünf Sekanten!

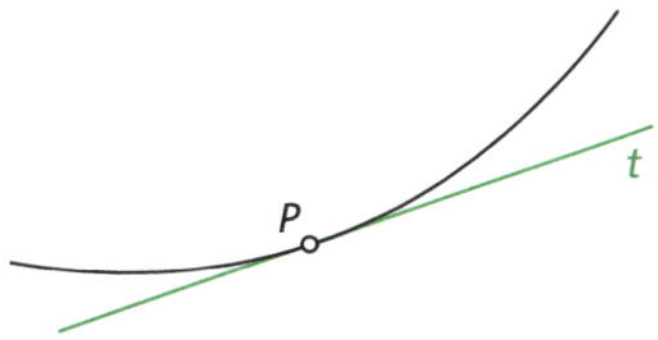

Tangente in P – jeder noch so geringe Dreh um P mindert die Übereinstimmung von Kurve und Gerade.

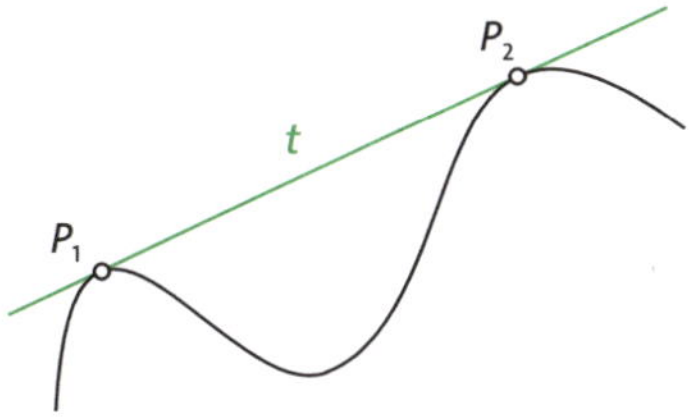

Tangente – sowohl in P_1 als auch in P_2.

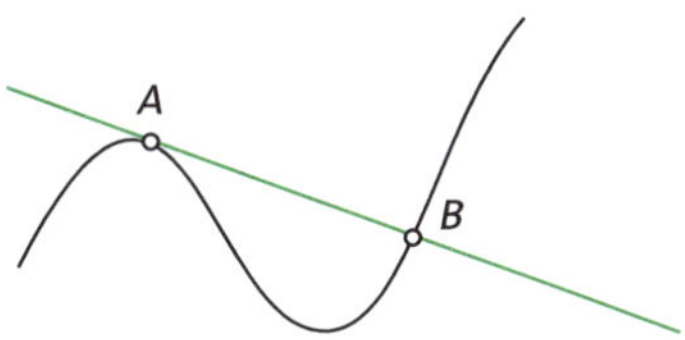

Tangente in A – Sekante in B: Es kommt darauf an! Bestangepasst in A, unangepasst in B!

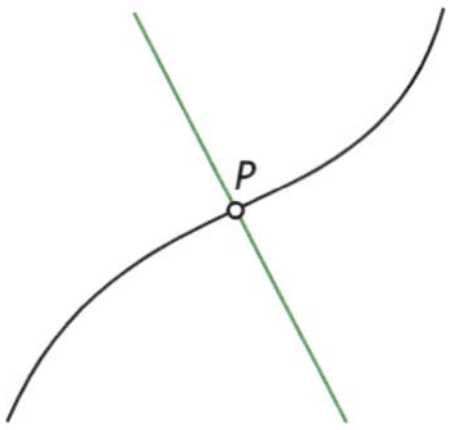

Sekante durch P – unangepasst!
Ein Dreh nach links macht sie angepasster!

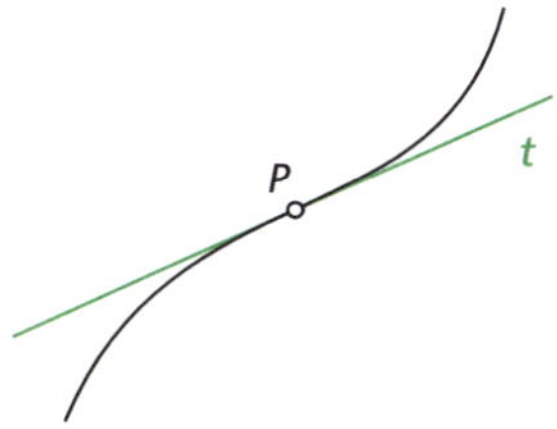

Tangente in P – bestangepasst!
Jeder Dreh macht sie unangepasster!

2. Von Sekanten zur Tangente

Kurvenanstieg ist Tangentenanstieg!
Das Problem, die Steigung einer Kurve in einem Punkt P zu bestimmen, hat damit seine zeichnerische Lösung gefunden. Doch diese „Lösung“ krankt daran, dass die Tangente nach Gefühl und Augenmaß angepasst wird.

Umwege sind keine Irrwege! Sie führen bisweilen bequemer und sicherer zum Ziel. Das Tangentenproblem ist ein Beispiel dafür. Über Jahrhunderte hinweg haben Mathematiker sich damit beschäftigt – nicht ganz ohne Erfolg. Es gelang ihnen, mal diesen, mal jenen Einzelfall zu lösen. Doch der große Wurf, das Tangentenproblem nach einheitlicher Methode und für alle Fälle zu lösen – er gelang lange, sehr lange nicht, bis FERMAT, ein Mathematiker im 17. Jahrhundert, eine geniale Idee hatte:
Er erlaubte sich, die Tangente über einen Umweg, die Sekante, zu erfassen.
Und mit genau jenem Quäntchen mehr legte FERMAT den Keim für jenen mächtigen Teilbereich der Mathematik, den wir heute Differentialrechnung nennen. Die nebenstehende Bilderleiste erläutert seine Idee:

> Die Tangente in P wird auf dem Umweg über Sekanten dingfest gemacht.
> Schritt für Schritt wird eine „bessere“, weil angepasstere Sekante konstruiert.
> Am Ende dieses Prozesses steht die Tangente; die Tangente ist die Grenzlage der Sekanten.

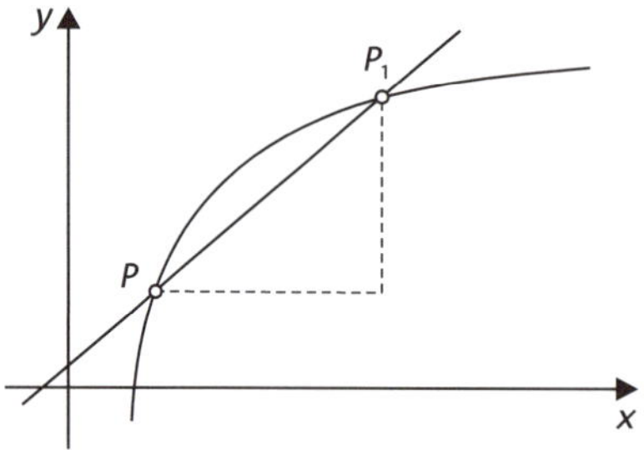

1. Man wählt auf der Kurve einen Nachbarpunkt P_1 von P und konstruiert die Sekante PP_1.

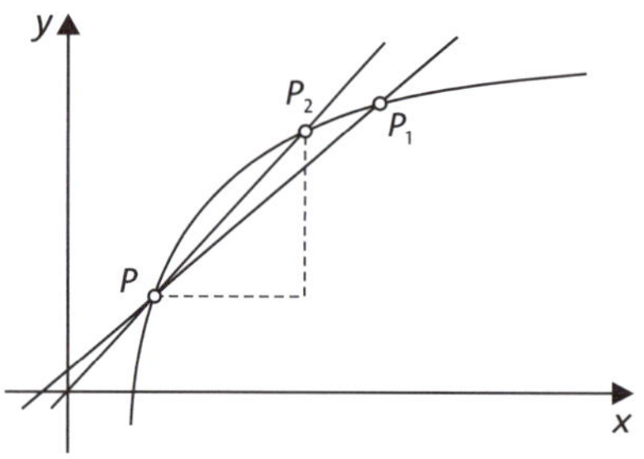

2. Man rückt längs der Kurve näher an P, von P_1 nach P_2. PP_2 ist eine angepasstere Sekante.

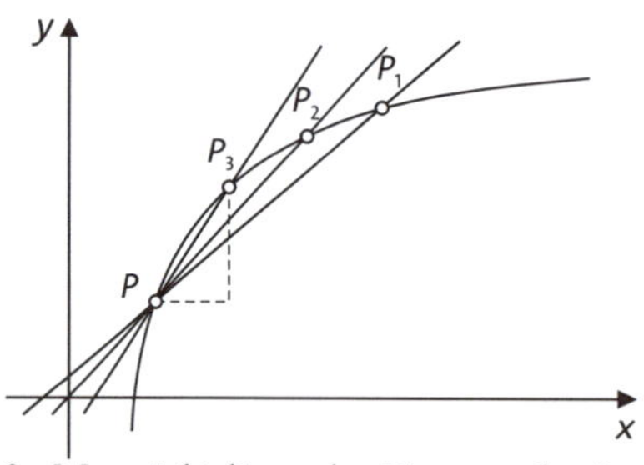

3. Man rückt längs der Kurve noch näher an P. PP_3 ist eine noch angepasstere Sekante.
4. ... usw.

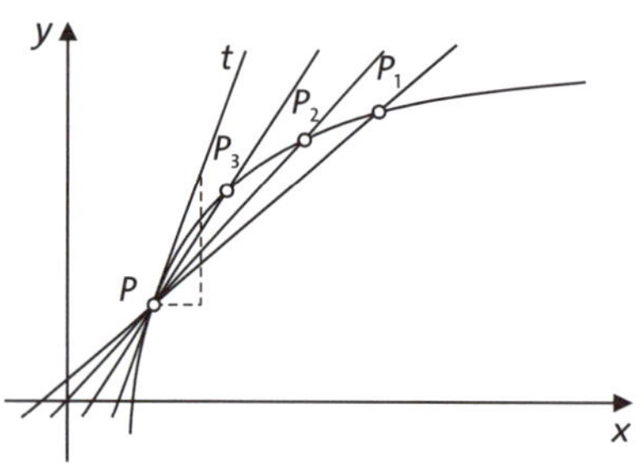

5. Gelingt es, das Ende dieses Prozesses abzusehen, dann ist es geschafft: Am Ende winken Tangente t und Tangentenanstieg m.

3. Die Ableitung

FERMAT's Idee ist eine generelle Methode, Tangenten bzw. Tangentensteigerungen zu ermitteln:

- Sie garantiert, dass man Schritt für Schritt dichter an die Tangente heranrückt; noch dichter, als Zeichenwerkzeuge es erlauben; noch enger, als unser Vorstellungsvermögen es fasst!
- Und vor allem: Dieses Schritt-für-Schritt-Verfahren lässt sich rechnerisch begleiten. Es ermöglicht deshalb, Steigungen rechnerisch zu erfassen.

Wir veranschaulichen dies an einem Beispiel.

Beispiel

Eine Kurve ist bestimmt durch $f(x) = \frac{1}{4}x^2 - \frac{1}{2}$.
Gesucht ist ihre Steigung im Punkt $P(2|f(2))$.

Zeichnerische Lösung

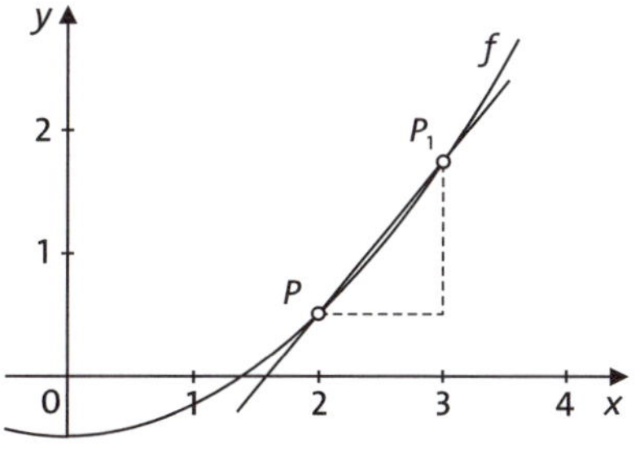

Der Start: Graph von f, der Punkt P, ein Nachbarpunkt P_1, die Sekante PP_1.

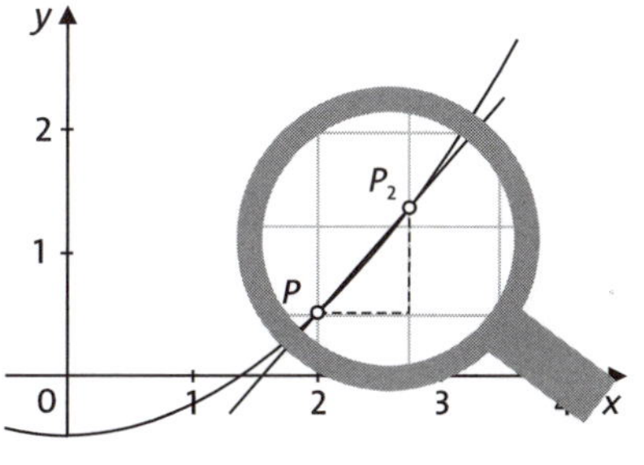

Die nächste Etappe: Der engere Nachbar P_2, die angepasste Sekante PP_2 – durch die Lupe gesehen.

Rechnerische Lösung

Die Steigung der Sekante PP_1:
Sie bestimmt sich als Differenzenquotient aus dem Steigungsdreieck:

$$m_1 = \frac{\Delta y}{\Delta x} = \frac{f(2+1) - f(2)}{1}$$

$$= \frac{\left(\frac{1}{4}(2+1)^2 - \frac{1}{2}\right) - \left(\frac{1}{4}2^2 - \frac{1}{2}\right)}{1}$$

$$= \frac{\frac{1}{4}(4 \cdot 1 + 1^2)}{1}$$

$$= \underline{\underline{1{,}25}}$$

Die Steigung der Sekante PP_2:

$$m_2 = \frac{\Delta y}{\Delta x} = \frac{f(2+0{,}1) - f(2)}{0{,}1}$$

$$= \frac{\left(\frac{1}{4}(2+0{,}1)^2 - \frac{1}{2}\right) - \left(\frac{1}{4}2^2 - \frac{1}{2}\right)}{0{,}1}$$

$$= \frac{\frac{1}{4}(4 \cdot 0{,}1 + 0{,}1^2)}{0{,}1}$$

$$= \underline{\underline{1{,}025}}$$

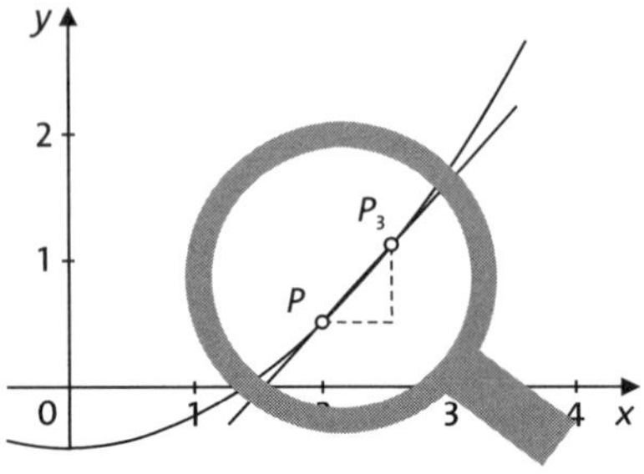

Die nächste Etappe: Der noch engere Nachbar P_3, die noch angepasstere Sekante PP_3 – gesehen durch eine noch stärkere Lupe.

Die Steigung der Sekante PP_3:

$$m_1 = \frac{\Delta y}{\Delta x} = \frac{f(2+0{,}01) - f(2)}{0{,}01}$$

$$= \frac{\left(\frac{1}{4}(2 + 0{,}01)^2 - \frac{1}{2}\right) - \left(\frac{1}{4}2^2 - \frac{1}{2}\right)}{0{,}01}$$

$$= \frac{\frac{1}{4}(4 \cdot 0{,}01 + 0{,}01^2)}{0{,}01}$$

$$= \underline{\underline{1{,}0025}}$$

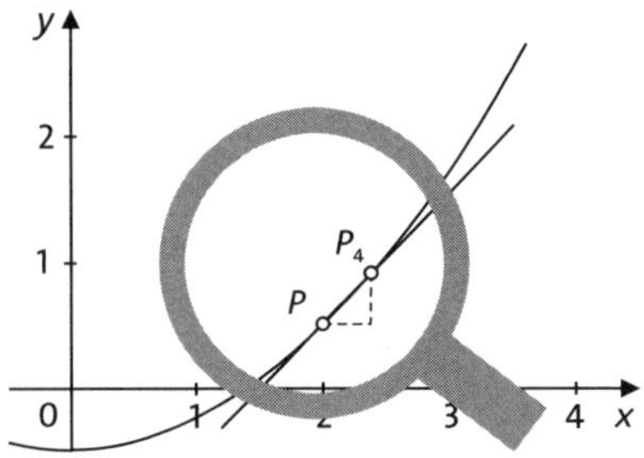

Und die nächste Etappe: P_4 – dem Punkt P noch viel näher, PP_4 – dem Graphen noch viel angepasster.

Die Steigung der Sekante PP_4:

$$m_4 = \frac{\Delta y}{\Delta x} = \frac{f(2+0{,}00001) - f(2)}{0{,}00001}$$

$$= \frac{\left(\frac{1}{4}(2 + 0{,}00001)^2 - \frac{1}{2}\right) - \left(\frac{1}{4}2^2 - \frac{1}{2}\right)}{0{,}00001}$$

$$= \frac{\frac{1}{4}(4 \cdot 0{,}00001 + 0{,}00001^2)}{0{,}00001}$$

$$= \underline{\underline{1{,}0000025}}$$

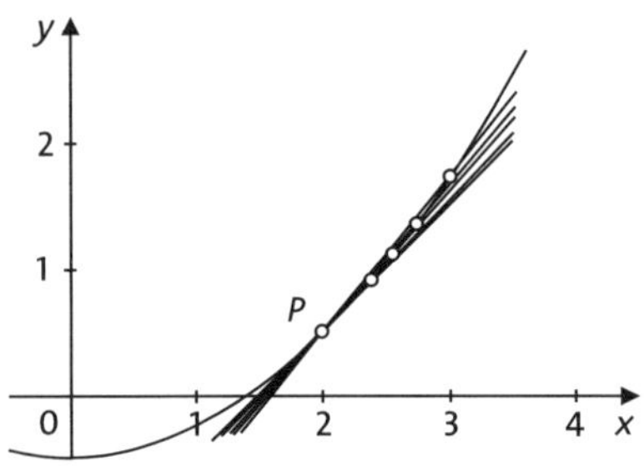

Dieser Prozess ist zwar endlos, dennoch ist klar erkennbar, wohin er führt:

- Die Sekanten neigen sich der Tangente zu.
- Die Sekantenanstiege steuern dem Tangentenanstieg zu.

$$\frac{\Delta y}{\Delta x} = \frac{f(2+\Delta x) - f(2)}{\Delta x} \rightarrow 1 \text{ für } \Delta x \rightarrow 0, \text{ d. h.:}$$

Der Tangentenanstieg und damit auch der Anstieg des Graphen in P $(2|\frac{1}{2})$ ist $m_t = 1$.

Die elegantere Lösung

Das Verfahren ist langwierig und ermüdend, Schritt für Schritt die gleiche Rechnung! Das lässt sich mit einem Schlag erledigen:

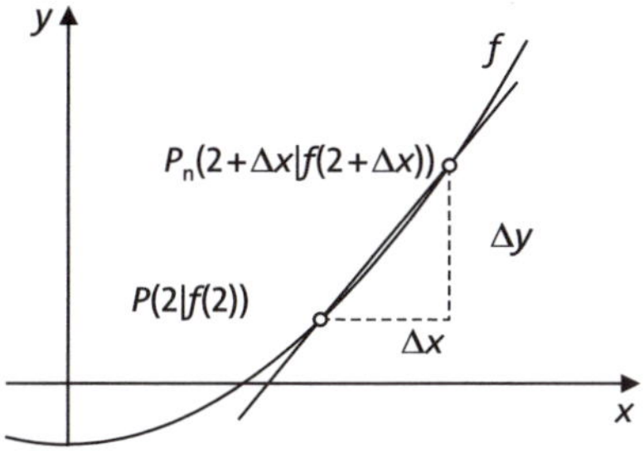

Der Graph von f, der Punkt P (2 | f(2)), der Nachbarpunkt P_n (2 + Δ x | f(2 + Δ x)) und die Sekante PP_n.

Die Steigung der Sekante PP_n:

$$m_n = \frac{\Delta y}{\Delta x} = \frac{f(2+\Delta x) - f(2)}{\Delta x}$$

$$= \frac{\left(\frac{1}{4}(2+\Delta x)^2 - \frac{1}{2}\right) - \left(\frac{1}{4}2^2 - \frac{1}{2}\right)}{\Delta x}$$

$$= \frac{\frac{1}{4}(4 \cdot \Delta x + \Delta x^2)}{\Delta x}$$

$$= 1 + \frac{1}{4}\Delta x$$

$P_n \rightarrow P$ bedeutet $\Delta x \rightarrow 0$. Bei diesem Grenzprozess steuern die Sekantenanstiege dem Tangentenanstieg zu; d. h.:

$m_n \rightarrow m_t = 1$, wenn $\Delta x \rightarrow 0$ oder

$$m_t = \lim_{\Delta x \to 0} \frac{\Delta y}{\Delta x} = \lim_{\Delta x \to 0} \left(1 + \frac{1}{4}\Delta x\right) = 1$$

Dieses Beispiel steht für viele. Wir halten als Ergebnis fest:

Die geometrische Methode, die Tangente an der Stelle x_0 mithilfe einer endlosen Kette von Sekanten zu konstruieren, lässt sich rechnerisch begleiten:

1. Man berechnet den Differenzenquotienten
$$\frac{\Delta y}{\Delta x} = \frac{f(x_0 + \Delta x) - f(x_0)}{\Delta x}.$$
2. Man formt den Differenzenquotienten um und verfolgt, wie er sich entwickelt, wenn Δ x gegen 0 strebt.
3. Existiert dieser Grenzwert
$$f'(x_0) = \lim_{\Delta x \to 0} \frac{\Delta y}{\Delta x} = \lim_{\Delta x \to 0} \frac{f(x_0 + \Delta x) - f(x_0)}{\Delta x},$$
dann heißt die Funktion f an der Stelle x_0 **differenzierbar** und der Grenzwert $f'(x_0)$ heißt **Ableitung** von f an der Stelle x_0.
$f'(x_0)$ bedeutet den Anstieg der Tangenten bzw. des Graphen in x_0.

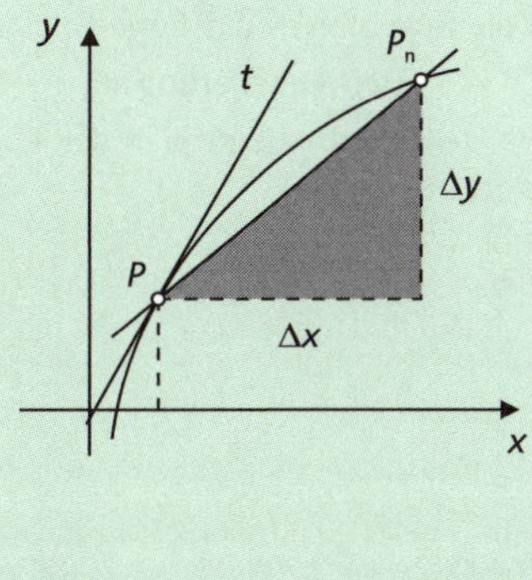

4. Differenzierbar – oder nicht differenzierbar?

Differenzierbarkeit einer Funktion an einer Stelle x_0:

– das bedeutet geometrisch, dass der zugehörige Graph an dieser Stelle x_0 eine eindeutige Tangente besitzt.
– das bedeutet rechnerisch, dass der Grenzwert der entsprechenden Differenzenquotienten existiert.

Nicht jede Funktion ist differenzierbar – schon gar nicht an jeder Stelle!
Ein Beispiel soll dies veranschaulichen. Wir betrachten dazu die Funktion f mit $f(x) = |4 - x^2|$ und $x \in \mathbf{R}$.
Wie steht es um die Differenzierbarkeit?

Doch zunächst zum Betrag. Ist ein Term nicht negativ, dann unterscheiden sich der Term und sein Betrag in keiner Weise; ist er jedoch negativ, dann erhält man seinen Betrag durch Vorzeichenumkehr. In unserem Beispiel ist $|4 - x^2| = 4 - x^2$ für $4 - x^2 \geq 0$ bzw. $|4 - x^2| = x^2 - 4$ für $4 - x^2 < 0$. Das bedeutet für f:

$$f(x) = \begin{cases} 4 - x^2 \text{ für } -2 \leq x \leq 2 \\ x^2 - 4 \quad \text{für } x < -2 \text{ oder } x > 2 \end{cases}$$

Zeichnung

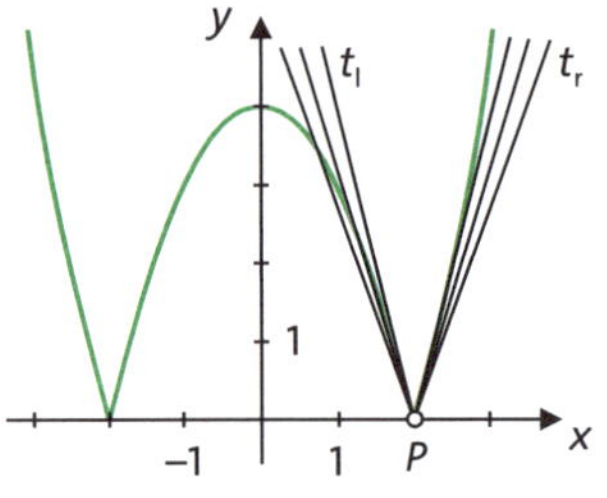

Der Graph zeigt: P(2|0) ist ein besonderer, ein „kritischer" Punkt. Bei Annäherung an P von links stabilisieren sich die Sekanten in der Lage t_l; es ist $m_{tl} \approx -4$. Bei Annäherung an P von rechts stabilisieren sie sich in der Lage t_r; es ist $m_{tr} \approx +4$.

Rechnung

Rechts bzw. links von x = 2 ist mit unterschiedlichen Funktionstermen zu rechnen. Beim Grenzprozess $\Delta x \rightarrow 0$ sind $\Delta x > 0$ und $\Delta x < 0$ zu unterscheiden. Es ist:

$$f(2 + \Delta x) = \begin{cases} (2 + \Delta x)^2 - 4 \quad \text{für } \Delta x > 0 \\ 4 - (2 + \Delta x)^2 \quad \text{für } \Delta x < 0 \end{cases}$$

$$f'(2) = \lim_{\Delta x \to 0} \frac{\Delta y}{\Delta x} = \begin{cases} \lim\limits_{\Delta x \to 0, \Delta x > 0} \dfrac{f(2+\Delta x) - f(2)}{\Delta x} \\ \lim\limits_{\Delta x \to 0, \Delta x < 0} \dfrac{f(2+\Delta x) - f(2)}{\Delta x} \end{cases}$$

$$f'(2) = \lim_{\Delta x \to 0} \frac{\Delta y}{\Delta x}$$

$$= \begin{cases} \lim\limits_{\Delta x \to 0, \Delta x > 0} \dfrac{[(2+\Delta x)^2 - 4] - [4 - 2^2]}{\Delta x} \\ \lim\limits_{\Delta x \to 0, \Delta x < 0} \dfrac{[4 - (2 + \Delta x)^2 - [4 - 2^2]}{\Delta x} \end{cases}$$

$$f'(2) = \lim_{\Delta x \to 0} \frac{\Delta y}{\Delta x} = \begin{cases} \lim\limits_{\Delta x \to 0, \Delta x > 0} \dfrac{4\Delta x + \Delta x^2}{\Delta x} \\ \lim\limits_{\Delta x \to 0, \Delta x < 0} -\dfrac{4\Delta x + \Delta x^2}{\Delta x} \end{cases}$$

$$f'(2) = \lim_{\Delta x \to 0} \frac{\Delta y}{\Delta x} = \begin{cases} \lim\limits_{\Delta x \to 0, \Delta x > 0} (4 + \Delta x) \\ \lim\limits_{\Delta x \to 0, \Delta x < 0} (-4 - \Delta x) \end{cases}$$

$$f'(2) = \lim_{\Delta x \to 0} \frac{\Delta y}{\Delta x} = \begin{cases} +4 \text{ für } \Delta x > 0 \\ -4 \text{ für } \Delta x > 0 \end{cases}$$

Für x = 2 besitzt der Graph keine (eindeutige) Tangente; er ist dort nicht differenzierbar! Entsprechendes gilt für x = – 2.

Man erkennt: f′(2) müsste gleichzeitig +4 und –4 sein; das ist unmöglich! Wir sagen daher: Der „linksseitige“ Grenzwert ist vom „rechtsseitigen“ verschieden. f ist an der Stelle x = 2 nicht differenzierbar!

Differenzierbarkeit an einer Stelle x_0 bedeutet,
- dass die Sekanten zu ein und derselben Grenzlage führen, gleichgültig, ob links- oder rechtsseitige Sekanten betrachtet werden.
- dass die Differenzenquotienten zu ein und demselben Grenzwert führen, gleichgültig, wie der Grenzprozess durchgeführt wird.

5. Roter Faden

Hauptproblem der Differentialrechnung:

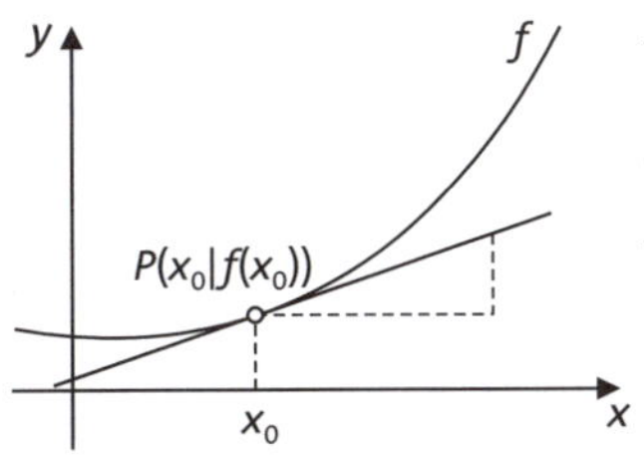

Geometrische Fassung
An den Graphen von f soll im Punkte P die Tangente konstruiert und ihre Steigung bestimmt werden.

Rechnerische Fassung
Von einer Funktion f soll an der Stelle x_0 die Ableitung bestimmt werden.

Die Lösung des Hauptproblems:

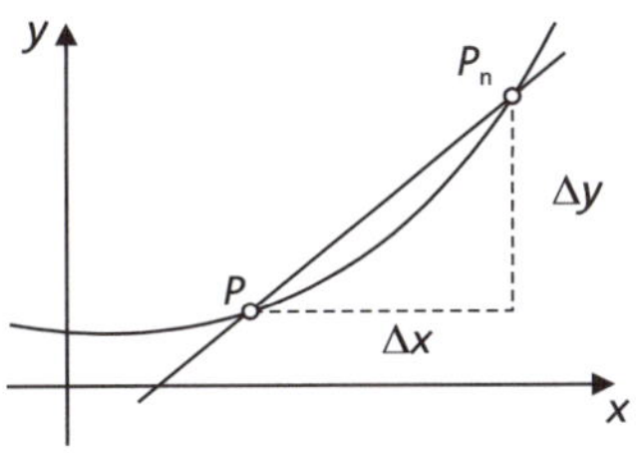

1. a) Man wählt einen Nachbarpunkt P_n von P.
   b) Man konstruiert die Sekante PP_n.
   c) Man bestimmt die Sekantensteigung m_n.

Der Nachbarpunkt P_n kann sowohl rechts als auch links von P liegen.

1. Man bildet den Differenzenquotienten
$$\frac{\Delta y}{\Delta x} = \frac{f(x_0 + \Delta x) - f(x_0)}{\Delta x}$$
Δx kann sowohl positiv als auch negativ sein.

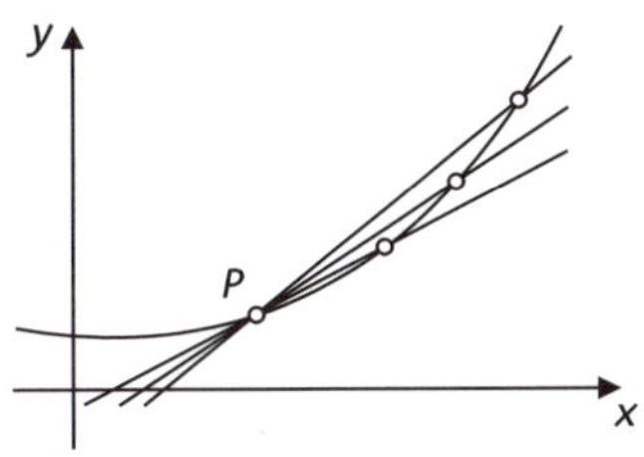

2. a) Man rückt P_n näher und näher an P heran.
   b) Man beobachtet dabei die Sekantensteigungen.

2. Man untersucht, wie sich der Differenzenquotient entwickelt, wenn Δx gegen 0 strebt.

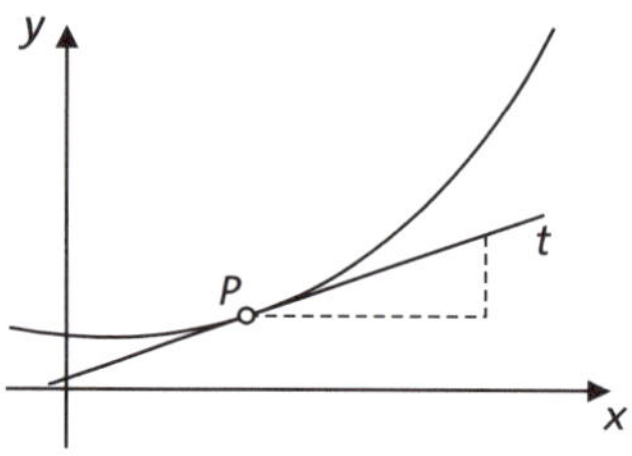	3. Wenn sich bei dem Grenzprozess $P_n \to P$ die Sekanten PP_n auf einer bestimmten Grenzlage stabilisieren, dann ist diese Grenzlage der Sekanten PP_n die Tangente t des Graphen.	3. Wenn der Grenzwert der Differenzenquotienten $f'(x_0) = \lim\limits_{\Delta x \to 0} \frac{\Delta y}{\Delta x} = \lim\limits_{\Delta x \to 0} \frac{f(x_0 + \Delta x) - f(x_0)}{\Delta x}$ existiert, dann ist f differenzierbar an der Stelle x_0 und der Grenzwert $f'(x_0)$ heißt Ableitung von f an der Stelle x_0.
Sprechweisen: Steigung des Graphen	Grenzwert der Sekantenanstiege, Tangentenanstieg	Grenzwert der Differenzenquotienten, Ableitung – sie meinen alle dasselbe!

6. Übungen

1. Geben Sie an, welche der Aussagen wahr (w) und welche falsch (f) sind.

a) Die Tangente einer Kurve im Punkt P ist eine Gerade und hat in P die gleiche Steigung wie die Kurve.	
b) Die Tangente einer Kurve hat mit der Kurve nur einen einzigen gemeinsamen Punkt, den Berührpunkt.	
c) Die Tangentensteigung bestimmt sich geometrisch aus dem Steigungsdreieck der Sekanten.	
d) Die Tangentensteigung bestimmt sich rechnerisch aus dem Grenzwert der Differenzenquotienten.	
e) Die Ableitung einer Funktion f an einer Stelle x_0 ist eine Zahl.	

2. Zeichnen Sie im jeweils angegebenen Punkt die Tangente an die Kurve – nach Augenmaß. Geben Sie jeweils den Tangentenanstieg an.

a)

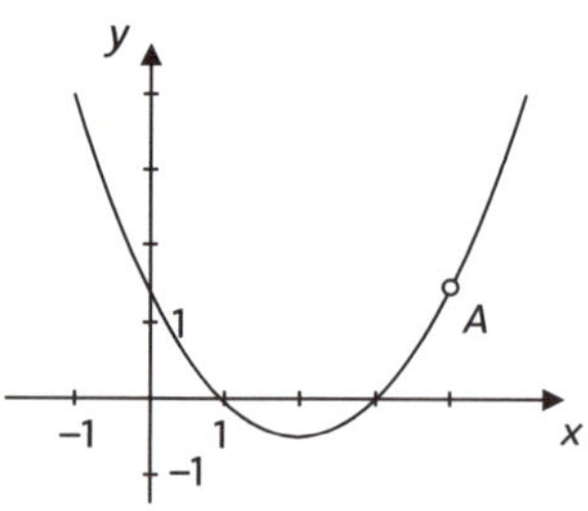

b)

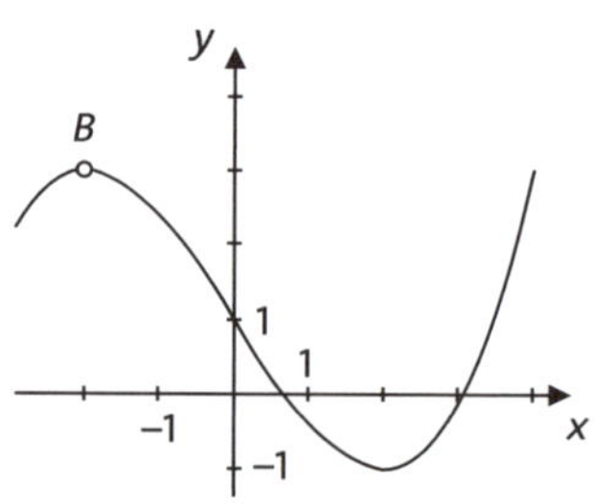

c)

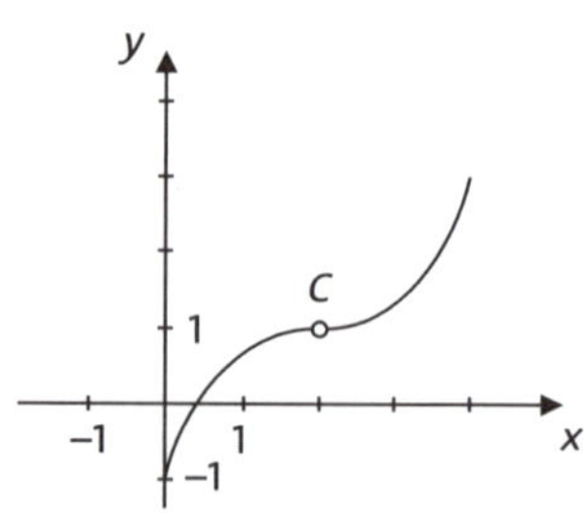

d)

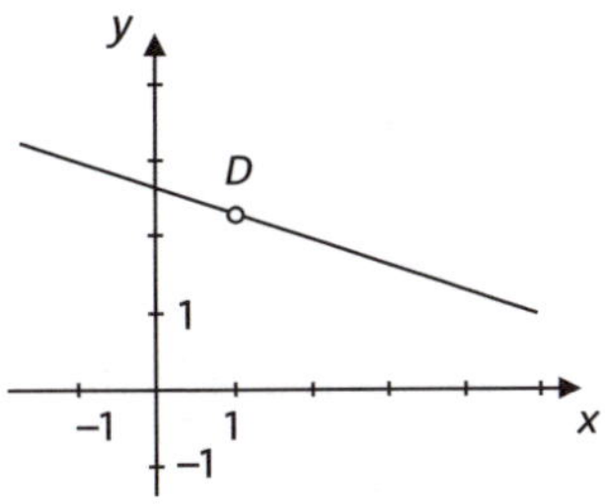

e)

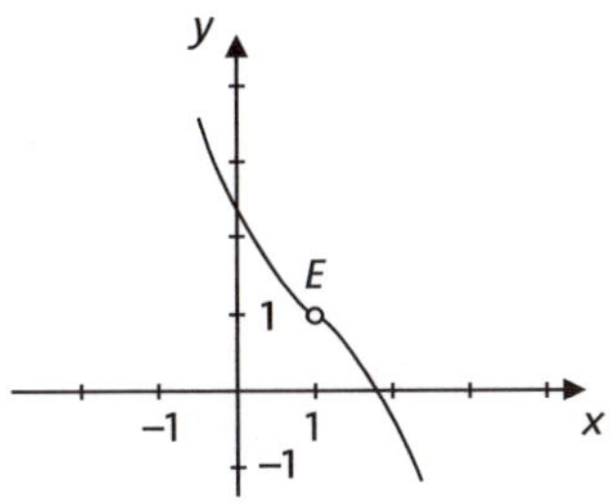

f)

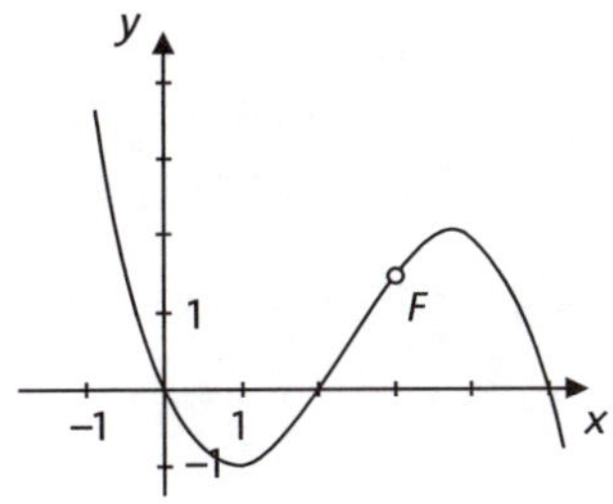

3. Die Abbildung zeigt den Graphen einer Funktion f. Entscheiden Sie: Welche der nachfolgenden Behauptungen sind möglich (m), welche absolut unmöglich (u)?

a) $f'(-2) = -2$	
b) $f'(0) = 2$	
c) $f'\left(\frac{3}{4}\right) = 0$	
d) $f'(1) = -1$	
e) $f'(2) = 0$	
f) $f'(-2) - f'(0) = 0$	
g) $f'(-1) - f'(1) = 0$	
h) $f(0)\, f'(0) = 0$	
i) $f(-3)\, f'(-3) = 2$	
j) $f(-2)\, f'(2) = -9$	

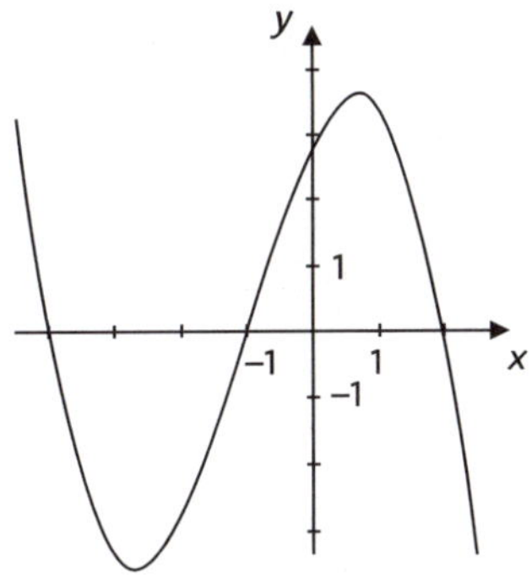

4. Vervollständigen Sie die Tabelle.

$f'(x)$	-2	-1	0	1	2
x					

Hinweis: Es kann mehrere Lösungen geben!

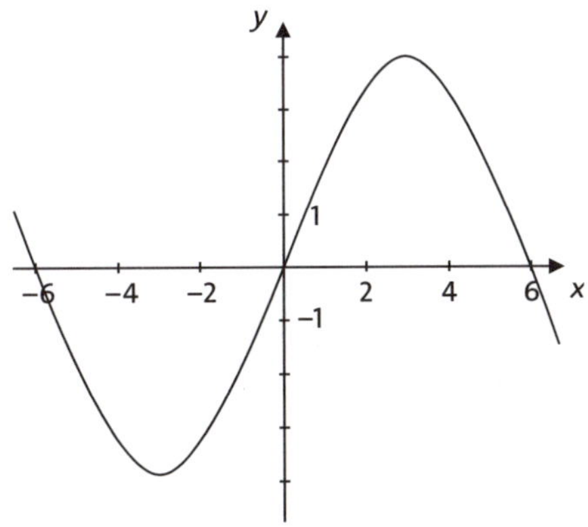

5. Die Funktion f wird dargestellt durch $f(x) = x^2$.

a) Zeichnen Sie den zugehörigen Graphen.

b) Bestimmen Sie zeichnerisch die Tangentenanstiege in den Punkten $A(-2|f(-2))$, $B(0|f(0))$, $C(0{,}5|f(0{,}5))$, $D(1{,}5|f(1{,}5))$.

c) Bestimmen Sie rechnerisch die Ableitungen für $x = -2$, $x = 0$, $x = 0{,}5$, $x = 1{,}5$, und vergleichen Sie diese mit Ergebnissen aus der Zeichnung.

5. Potenzfunktionen

1. Potenzfunktionen mit positiven Exponenten

Eine Potenzfunktion p_n ist von einfacher Bauart. Ihr Funktionsterm lautet $p_n(x) = x^n$. Der Exponent n heißt Grad der Potenzfunktion und kann jede ganze Zahl sein.

Wir untersuchen zunächst solche Potenzfunktionen mit positiven, danach mit negativen ganzzahligen Exponenten.

Wir begnügen uns mit der Untersuchung einiger weniger Vertreter dieser Sippschaft – sie lassen klar genug den Rest dieser Großfamilie erkennen. Die Ableitungen sollen freilich auf zweifache Art entwickelt werden:

zunächst – zugegebenerweise etwas grob – auf zeichnerische Weise,

dann – zwar feiner, dafür aber weniger anschaulich – auf rechnerische Weise.

$p_2(x) = x^2$

Zeichnerische Lösung

Graph von p_2:

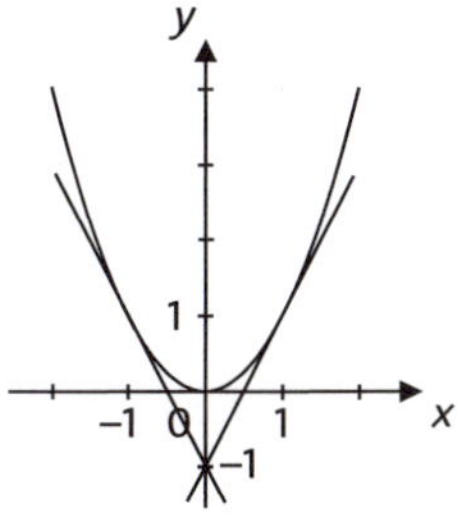

Graph von p_2':

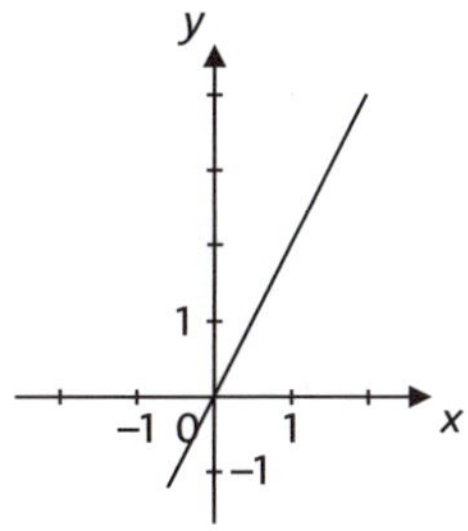

Die Anstiege m_t:
Für $x < 0$ sind sie negativ,
für $x > 0$ positiv.

Tabelle einiger Anstiege:

x	...	– 2	– 1	0	1	2	...
m_t	...	– 4	– 2	0	2	4	...

Rechnerische Lösung

Die Ableitung: Zuerst die Sekantenanstiege m_s, dann ihr Grenzwert m_t!

$$m_s = \frac{\Delta y}{\Delta x} = \frac{p_2(x + \Delta x) - p_2(x)}{\Delta x} = \frac{(x + \Delta x)^2 - x^2}{\Delta x}$$

Wegen $(a + b)^2 = a^2 + 2ab + b^2$: $m_s = \frac{2x\Delta x + \Delta x^2}{\Delta x} = 2x + \Delta x$

Mit $\Delta x \to 0$ folgt: $p_2' = \lim\limits_{\Delta x \to 0} \frac{\Delta y}{\Delta x} = \lim\limits_{\Delta x \to 0} (2x + \Delta x)$

$$p_2'(x) = (x^2)' = 2x^1 = m_t$$

$p_3(x) = x^3$

Zeichnerische Lösung

Graph von p_3:

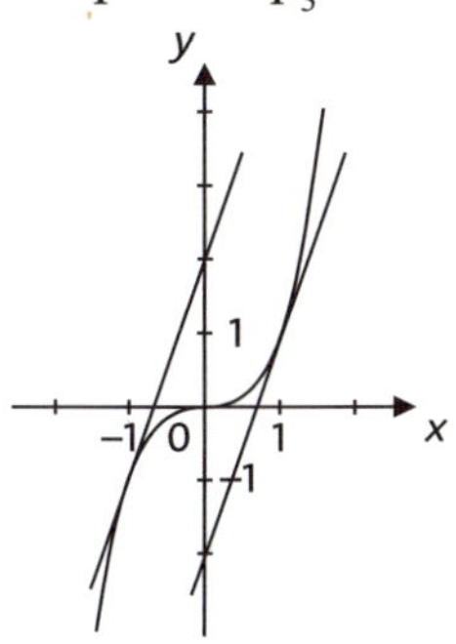

Graph von p_3':

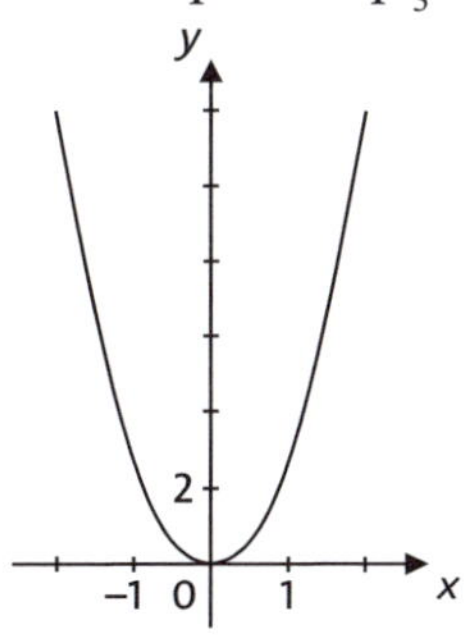

Die Anstiege m_t:
Sie sind für kein einziges x negativ.

Tabelle einiger Anstiege:

x	...	– 2	– 1	0	1	2	...
m_t	...	12	– 3	0	3	12	...

Rechnerische Lösung

Die Ableitung: Zuerst die Sekantenanstiege, dann ihr Grenzwert!

$$m_s = \frac{\Delta y}{\Delta x} = \frac{p_3(x+\Delta x) - p_3(x)}{\Delta x} = \frac{(x+\Delta x)^3 - x^3}{\Delta x}$$

Wegen $(a + b)^3 = a^3 + 3a^2b + 3\,ab^2 + b^3$:

$$m_s = \frac{3x^2\ \Delta x + 3x\ \Delta x^2 + \Delta x^3}{\Delta x} = 3x^2 + 3x\ \Delta x + \Delta x^2$$

Mit $\Delta x \rightarrow 0$ folgt: $p'_3(x) = \lim\limits_{\Delta x \rightarrow 0} \frac{\Delta y}{\Delta x} = \lim\limits_{\Delta x \rightarrow 0} (3\,x^2 + 3x\,\Delta x + \Delta x^2)$

$$p'_3(x) = (x^3)' = 3x^2 = m_t$$

2. Potenzfunktionen mit negativen Exponenten

$$\mathbf{p_{-1}(x) = x^{-1} = \frac{1}{x}}$$

Zeichnerische Lösung

Der Graph von p_{-1}:

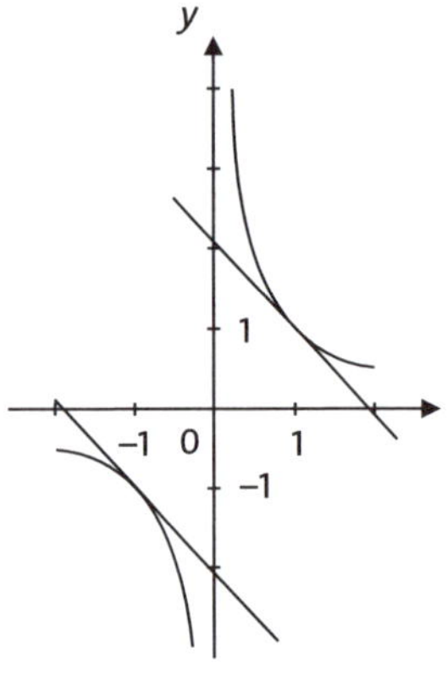

Der Graph von p'_{-1}:

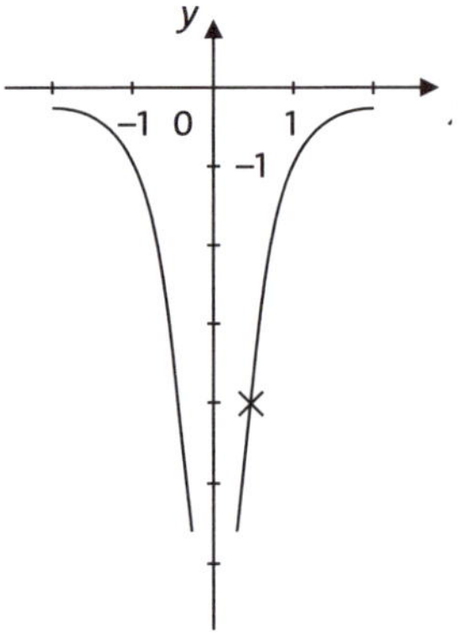

Die Anstiege m_t:
Sie sind überall negativ!

Tabelle einiger Anstiege:

x	...	-1	$-\frac{1}{2}$	0	$\frac{1}{2}$	1	...
m_t	...	-1	-4	–	-4	-1	...

Rechnerische Lösung

Die Ableitung: Zuerst die Sekantenanstiege m_s, dann ihr Grenzwert m_t!

$$m_s = \frac{\Delta y}{\Delta x} = \frac{p_{-1}(x+\Delta x) - p_{-1}(x)}{\Delta x} = \frac{\frac{1}{x+\Delta x} - \frac{1}{x}}{\Delta x} = \frac{\frac{x}{(x+\Delta x)x} - \frac{x+\Delta x}{(x+\Delta x)x}}{\Delta x}$$

$$= \frac{\frac{-\Delta x}{(x+\Delta x)x}}{\Delta x} = \frac{-1}{(x+\Delta x)x}$$

Mit $\Delta x \to 0$ folgt: $p'_{-1}(x) = \lim\limits_{\Delta x \to 0} \frac{\Delta y}{\Delta x} = \lim\limits_{\Delta x \to 0} = \frac{-1}{(x + \Delta x)x}$

$$p'_{-1}(x) = (x^{-1})' = -\frac{1}{x^2} = -x^{-2} = m_t$$

$p_{-2}(x) = x^{-2} = \frac{1}{x^2}$

Zeichnerische Lösung

Der Graph von p_{-2}:

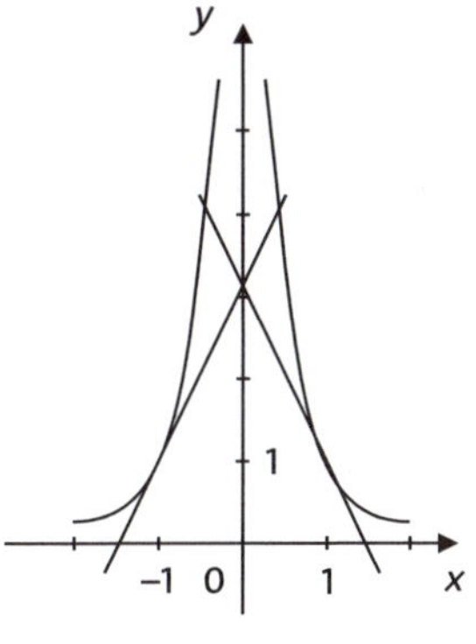

Der Graph von p'_{-2}:

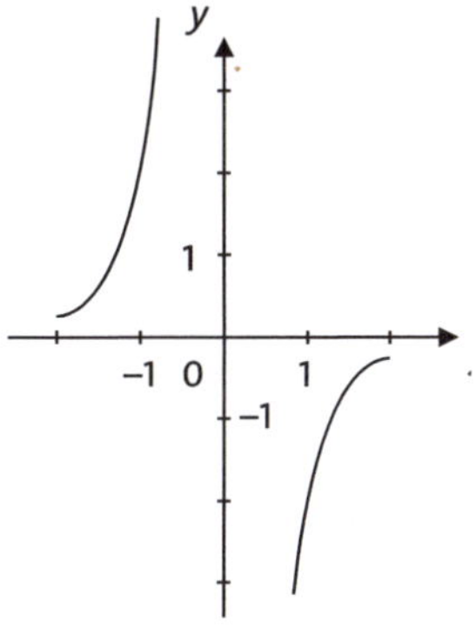

Die Anstiege m_t:
Für $x < 0$ sind sie positiv,
für $x > 0$ negativ.

Tabelle einiger Anstiege:

x	...	-1	$-\frac{1}{2}$	0	$\frac{1}{2}$	1	...
m_t	...	2	16	–	–16	–2	...

Rechnerische Lösung

Die Ableitung: Zuerst die Sekantenanstiege m_s, dann ihr Grenzwert m_t!

$$m_s = \frac{\Delta y}{\Delta x} = \frac{p_{-2}(x + \Delta x) - p_{-2}(x)}{\Delta x} = \frac{\frac{1}{(x + \Delta x)^2} - \frac{1}{x^2}}{\Delta x} = \frac{\frac{x^2}{(x + \Delta x)^2 x^2} - \frac{(x + \Delta x)^2}{(x + \Delta x)^2 x^2}}{\Delta x}$$

$$= \frac{\frac{-2x\Delta x - \Delta x^2}{(x + \Delta x)^2 x^2}}{\Delta x} = \frac{-2x - \Delta x}{(x + \Delta x)^2 x^2}$$

Mit $\Delta x \to 0$ folgt: $p'_{-2}(x) = \lim\limits_{\Delta x \to 0} \frac{\Delta y}{\Delta x} = \lim\limits_{\Delta x \to 0} \frac{-2x - \Delta x}{(x + \Delta x)^2 x^2}$

$$p'_{-2}(x) = (x^{-2})' = \frac{-2}{x^3} = -2x^{-3} = m_t$$

3. Roter Faden

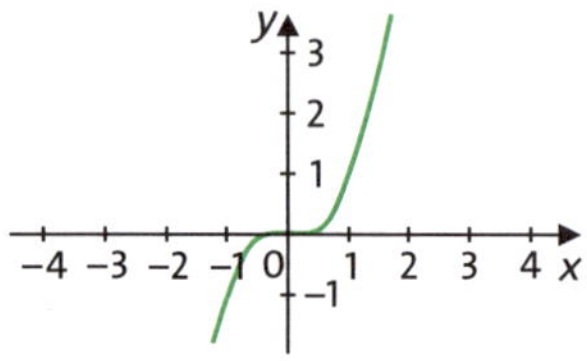

$p_3(x) = x^3$

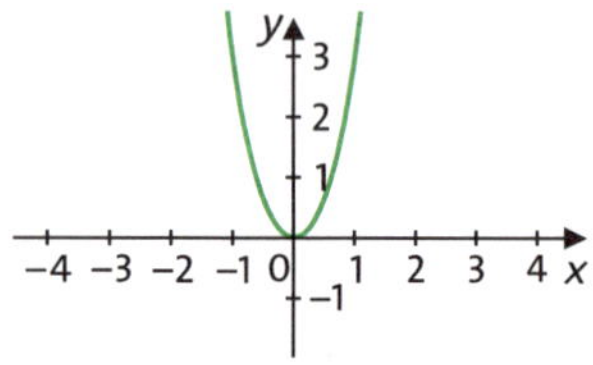

$p'_3(x) = (x^3)' = 3x^2$

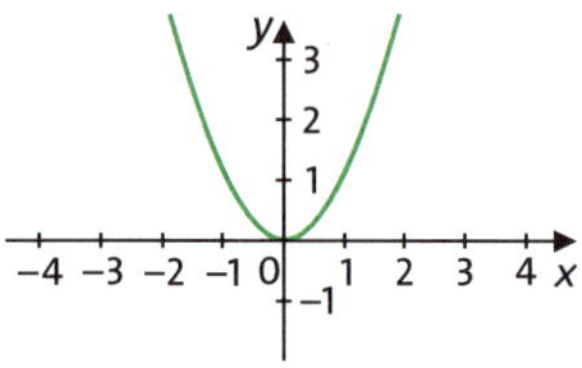

$p_2(x) = x^2$

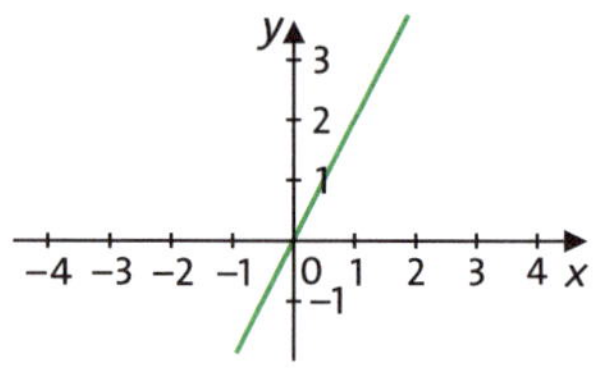

$p'_2(x) = (x^2)' = 2x^1$

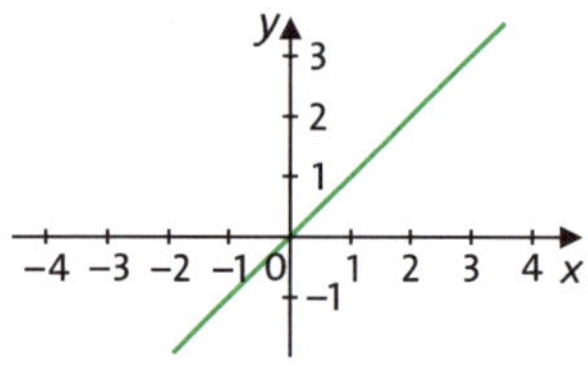

$p_1(x) = x^1$

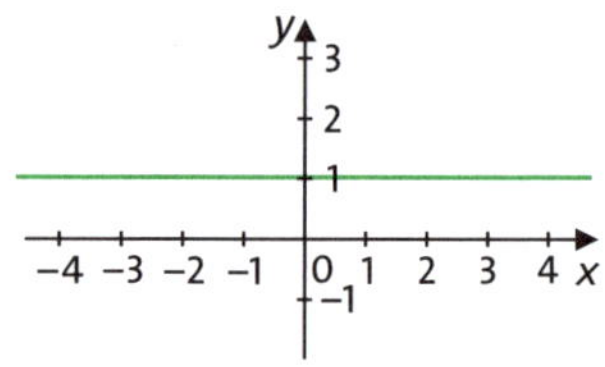

$p'_1(x) = (x^1)' = 1x^0$

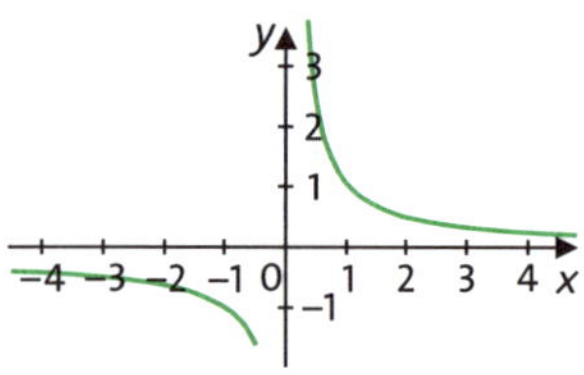

$p_{-1}(x) = x^{-1}$

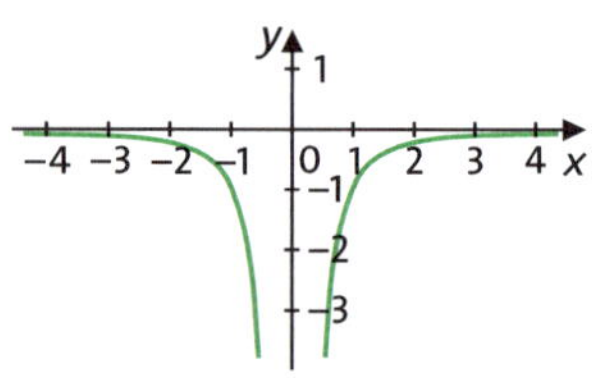

$p'_{-1}(x) = (x-1)' = -1x^{-2}$

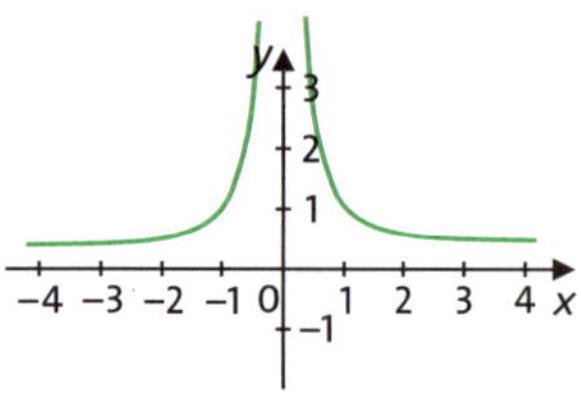

$p_{-2}(x) = x^{-2}$

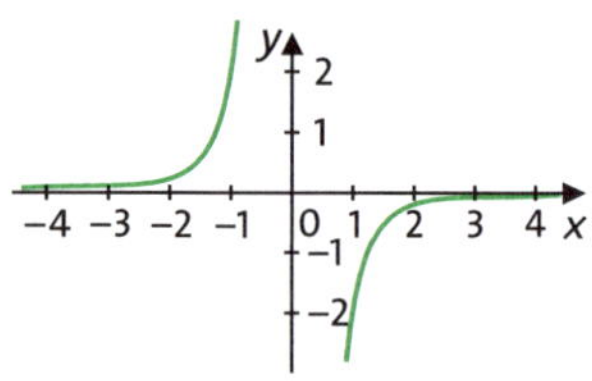

$p'_{-2}(x) = (x^{-2})' = -2x^{-3}$

Diese Beispiele lassen eine generelle Ableitungsregel vermuten:
Die Ableitung einer Potenzfunktion ist das Produkt aus dem Exponenten und der um einen Grad verminderten Potenzfunktion:
$\mathbf{p_n(x) = x^n \rightarrow p'^n(x) = (x^n)' = n \cdot x^{n-1}}$

4. Übungen

1. Welche Steigung hat der Graph der jeweils angegebenen Funktion an der Stelle $x = 5$? Kreuzen Sie den richtigen Steigungswert an.

a) $a(x) = x^3$

Steigung 5	
Steigung 25	
Steigung 75	
Steigung 125	

b) $b(x) = x^{-3}$

Steigung $-\frac{3}{25}$	
Steigung $-\frac{3}{75}$	
Steigung $-\frac{3}{125}$	
Steigung $-\frac{3}{625}$	

2. **a)** Zeichnen Sie in den Punkten A, B, C, D, E, F die Tangenten an den Graphen.

b) Bestimmen Sie aus der Zeichnung die Tangentenanstiege:

x	−3	−2	−1	0	1	2	3
f′(x)							

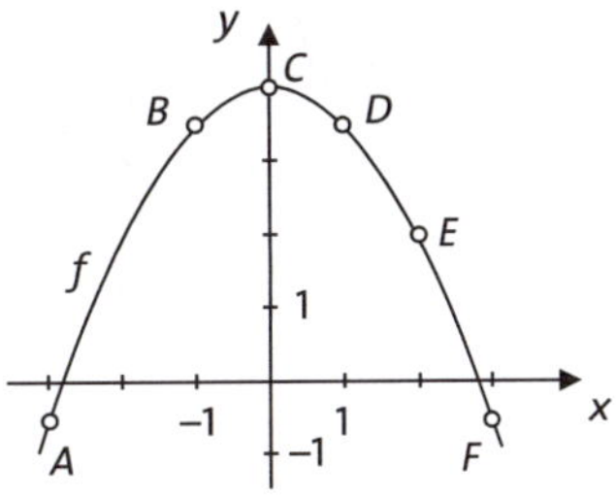

c) Zeichnen Sie ein zweites Koordinatensystem und tragen Sie dort die Tangenanstiege ein.

d) Geben Sie einen Funktionsterm von f′ an.

e) f′ hilft, einen Funktionsterm von f anzugeben. Wie heißt er?

3. Geben Sie die Ableitungen an den jeweils angegebenen Stellen an.

	$p'_3(x) = (x^3)'$	$p'_2(x) = (x^2)'$	$p'_1(x) = (x^1)'$	$p'_{-1}(x) = (x^{-1})'$	$p'_{-2}(x) = (x^{-2})'$	$p'_{-3}(x) = (x^{-3})'$
$x = 2$						
$x = 0{,}1$						
$x = -1$						
$x = -5$						

4. **a)** Zeichnen Sie die Graphen zu $p_2(x) = x^2$ und $p_3(x) = x^3$.

b) Zeichnen Sie die Graphen zu $p_3(x) = x^3$ und $p_4(x) = x^4$.
Wo haben Sie parallele Tangenten? Zeichnen Sie diese Tangenten und geben Sie ihre Gleichung an.

5. Berechnen Sie die Ableitung der Polynomfunktion 4. Grades $p_4(x) = x^4$ als Grenzwert des Differenzenquotienten. Dabei mag die binomische Formel $(a + b)^4 = a^4 + 4a^3b + 6a^2b^2 + 4ab^3 + b^4$ von Nutzen sein.

6. **a)** Zeichnen Sie den Graphen zu $f(x) = \frac{1}{3}x^3 - 3x$ im Bereich $[-4|4]$.

b) Ermitteln Sie aus der Zeichnung die Ableitung an den Stellen 0; +1; −1; +2; −2; +3; −3.

c) Berechnen Sie die Ableitung als Grenzwert des Differenzenquotienten. Vergleichen Sie diese mit den zeichnerischen Ergebnissen.

6. Fundamentale Ableitungsregeln

1. Konstanten und Funktionen

Eine Konstante a und eine Funktion f lassen sich sowohl additiv als auch multiplikativ zu neuen Funktionen kombinieren. Aus f entstehen die neuen Funktionen c bzw. k.

$c(x) = f(x) + a$

Die additive Konstante a bewirkt: Der Graph von c ist gegenüber jenem von f um a in y-Richtung verschoben.

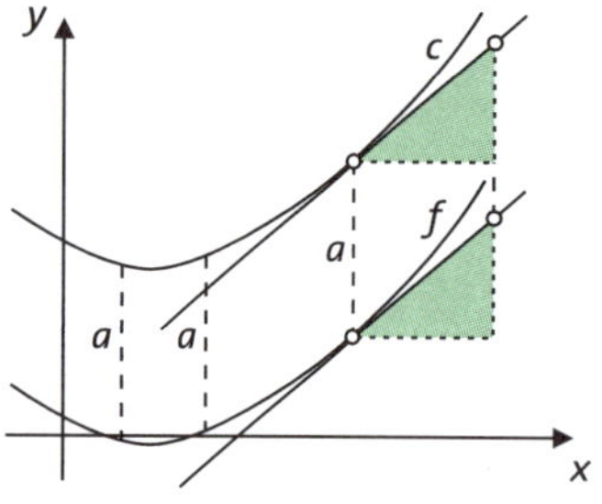

Eine solche Verschiebung ändert naturgemäß nichts an den Steigungen; denn:

$k(x) = a \cdot f(x)$

Die multiplikative Konstante a bewirkt: Der Graph von k ist gegenüber jenem von f um den Faktor a in y-Richtung gestreckt.

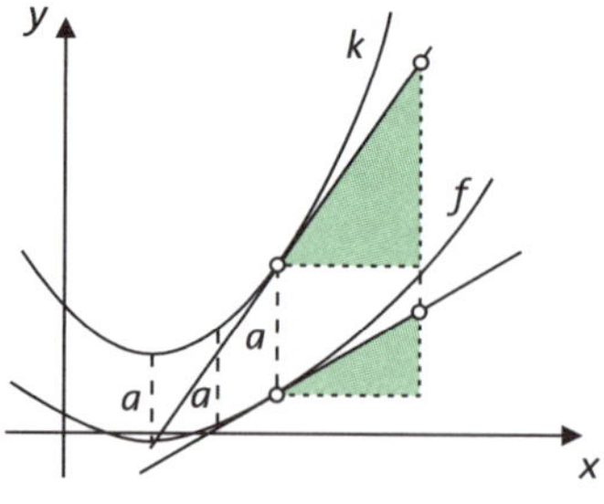

Durch diese Streckung werden die Steigungsdreiecke in y-Richtung gestreckt:

$$m_c = \frac{\Delta y}{\Delta x} = \frac{c(x+\Delta x) - c(x)}{\Delta x}$$
$$= \frac{[f(x+\Delta x) + a] - [f(x) + a]}{\Delta x}$$
$$= \frac{f(x+\Delta x) - f(x)}{\Delta x} \text{ und damit :}$$

$c'(x) = [f(x) + a]' = f'(x)$
Eine additive Konstante fällt beim Differenzieren weg.

$$m_k = \frac{\Delta y}{\Delta x} = \frac{k(x+\Delta x) - k(x)}{\Delta x}$$
$$= \frac{[a \cdot f(x+\Delta x)] - [a \cdot f(x)]}{\Delta x}$$
$$= a\,\frac{f(x+\Delta x)] - f(x)}{\Delta x} \text{ und damit :}$$

$k'(x) = [a \cdot f(x)]' = a \cdot f'(x)$
Eine multiplikative Konstante bleibt beim Differenzieren als Faktor erhalten.

2. Summen und Differenzenregel

Zwei Funktionen f und g lassen sich durch Addition zu einer neuen Funktion, der Summenfunktion $s = f + g$ kombinieren:

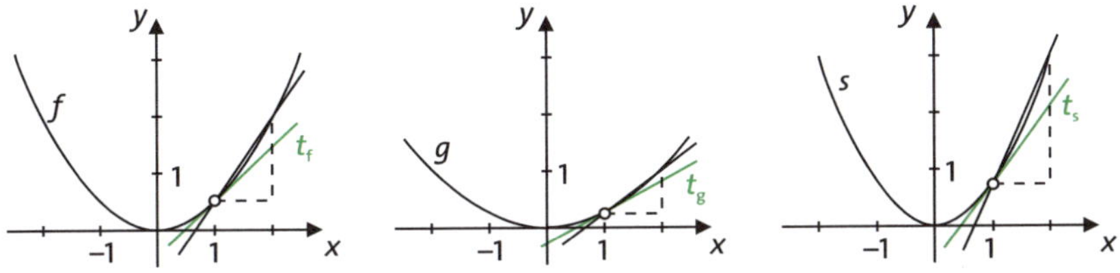

Sekantenanstiege von f:
$$m_f = \frac{\Delta y_f}{\Delta x} = \frac{f(x+\Delta x) - f(x)}{\Delta x}$$
Also :
$$f'(x) \lim_{\Delta x \to 0} \frac{f(x+\Delta x) - f(x)}{\Delta x}$$

Sekantenanstiege von g :
$$m_g = \frac{\Delta y_g}{\Delta x} = \frac{g(x+\Delta x) - g(x)}{\Delta x}$$
Also :
$$g'(x) = \lim_{\Delta x \to 0} \frac{g(x+\Delta x) - g(x)}{\Delta x}$$

Sekantenanstiege von $s = f + g$:
$$m_s = \frac{\Delta y_s}{\Delta x} = \frac{s(x+\Delta x) - s(x)}{\Delta x} = \frac{[f(x+\Delta x) + g(x+\Delta x)] - [f(x) + g(x)]}{\Delta x}$$
$$= \frac{f(x+\Delta x) - f(x)}{\Delta x} + \frac{g(x+\Delta x) - g(x)}{\Delta x}$$
Also:
$$s'(x) = \lim_{\Delta x \to 0} \frac{\Delta y_s}{\Delta x}$$
$$= \lim_{\Delta x \to 0} \left[\frac{f(x+\Delta x) - f(x)}{\Delta x} + \frac{g(x+\Delta x) - g(x)}{\Delta x}\right]$$
Existieren diese beiden einzelnen Grenzwerte, dann folgt:
$s'(x) = [f(x) + g(x)]' = f'(x) + g'(x)$

Entsprechendes lässt sich für Differenzenfunktionen zeigen. Wir halten fest:

Sind die beiden Funktionen f und g differenzierbar, dann ist auch die Summenfunktion s = f + g differenzierbar.
Die Ableitung der Summe ist gleich der Summe der Ableitungen:
$s'(x) = [f(x) + g(x)]' = f'(x) + g'(x)$.

Sind die beiden Funktionen f und g differenzierbar, dann ist auch die Differenzfunktion d = f – g differenzierbar.
Die Ableitung der Differenz ist gleich der Differenz der Ableitungen:
$d'(x) = [f(x) - g(x)]' = f'(x) - g'(x)$.

3. Produkt und Quotientenregel

Produktfunktionen sind Funktionen der Form $p(x) = f(x) \cdot g(x)$. Die Ableitungsregeln für Summen und Differenzen verleiten zu der nahe liegenden Vermutung, einfach die Faktoren abzuleiten, d. h.: $p'(x) = [f(x) \cdot g(x)]' = f'(x) \cdot g'(x)$.
Eine solche „Regel" ist falsch! Man überzeugt sich durch ein einfaches Beispiel: $p(x) = x^2 \cdot x^3$.
Nun ist $p(x) = x^5$ und deshalb $p'(x) = 5x^4$.
Unsere „Regel" hingegen führt zu $p`(x) = [x^2 \cdot x^3]' = [x^2]' \cdot [x^3]' = 2x^1 \cdot 3x^2$ – und das ist fraglos falsch!
Die Ableitung – sie bestimmt sich über die Differenzenquotienten und anschließende Grenzwertbetrachtung; d. h.:

$$m_p = \frac{\Delta y_p}{\Delta x} = \frac{p(x + \Delta x) - p(x)}{\Delta x} = \frac{[f(x + \Delta x)g(x + \Delta x)] - [f(x)g(x)]}{\Delta x}$$

$$= \frac{[f(x + \Delta x)g(x + \Delta x)] + 0 - f(x)g(x)}{\Delta x}$$

Äußerst wirkungsvoll die Null – wenn sie zudem raffiniert geschrieben wird:

$0 = -f(x)g(x + \Delta x) + f(x)g(x + \Delta x)$.

$$m_p = \frac{f(x + \Delta x)g(x + \Delta x) - f(x)g(x + \Delta x) + f(x)g(x + \Delta x) - f(x)g(x)}{\Delta x}$$

$$m_p = \frac{f(x+\Delta x) - f(x)}{\Delta x}\, g(x+\Delta x) + f(x)\, \frac{g(x + \Delta x) - g(x)}{\Delta x}$$

Der Grenzprozess $\Delta x \to 0$ führt auf

$$p'(x) = \lim_{\Delta x \to 0} \frac{\Delta y_p}{\Delta x} \lim_{\Delta x \to 0} \left[\frac{f(x + \Delta x) - f(x)}{\Delta x}\, g(x + \Delta x) + f(x)\, \frac{g(x + \Delta x) - g(x)}{\Delta x}\right]$$

$$= f'(x)g(x) + f(x) \cdot g'(x)$$

Produktregel
Sind die beiden Funktionen f und g differenzierbar, so ist auch ihr Produkt differenzierbar. Es ist:
$p'(x) = [f(x)\, g(x)]' = f'(x)\, g(x) + f(x)\, g'(x)$.

Eine Quotientenfunktion ist eine Funktion der Form $q(x) = \frac{f(x)}{g(x)}$. Auch hier ist eine Regel nach dem Motto „Die Ableitung einer Quotientenfunktion ist der Quotient der Ableitungen“, d. h.:

$$q'(x) = \left[\frac{f(x)}{g(x)}\right]' = \frac{f'(x)}{g'(x)}$$

schlichtweg falsch. Das zeigt das Beispiel:

$$q(x) = \frac{x^2}{x^3}.$$

Es ist doch $q(x) = \frac{1}{x}$ und deshalb $q'(x) = -\frac{1}{x^2}$. Die obige „Regel“ führt zu dem nachweislich falschen Ergebnis $q'(x) = \frac{x^2}{x^3} = -\frac{2}{3x}$.

Die Ableitung – sie bestimmt sich natürlich auch über die Differenzenquotienten:

$$m_q = \frac{\Delta y_q}{\Delta x} = \frac{q(x+\Delta x) - q(x)}{\Delta x} = \frac{\frac{f(x+\Delta x)}{g(x+\Delta x)} - \frac{f(x)}{g(x)}}{\Delta x}$$

$$= \frac{\frac{f(x+\Delta x)\ g(x) + 0 - f(x) g(x+\Delta x)}{g(x+\Delta x) g(x)}}{\Delta x}$$

Wieder der Trick mit null: $0 = -f(x)\,g(x) + f(x)\,g(x)$. Er führt auf

$$m_q = \frac{\frac{f(x+\Delta x) g(x) - f(x) g(x) + f(x) g(x) - f(x) g(x+\Delta x)}{g(x+\Delta x) g(x)}}{\Delta x}$$

$$m_q = \frac{\frac{f(x+\Delta x) - f(x)}{\Delta x}\, g(x) - f(x)\, \frac{g(x+\Delta x) - g(x)}{\Delta x}}{g(x+\Delta x) g(x)}$$

Der Grenzprozess $\Delta x \to 0$ führt auf

$$q'(x) = \lim_{\Delta x \to 0} \frac{\Delta y_q}{\Delta x} \lim_{\Delta x \to 0} \frac{\frac{f(x+\Delta x) - f(x)}{\Delta x}\, g(x) - f(x)\, \frac{g(x+\Delta x) - g(x)}{\Delta x}}{g(x+\Delta x) g(x)}$$

$$= \frac{g(x) f'(x) - f(x) g'(x)}{(g(x))^2}$$

Quotientenregel
Sind die beiden Funktionen f und g differenzierbar und ist $g(x) \neq 0$, so ist auch ihr Quotient differenzierbar. Es ist:

$$\mathbf{q'(x) = \left[\frac{f(x)}{g(x)}\right]' = \frac{g(x) f'(x) - f(x)\, g'(x)}{(g(x))^2}}.$$

4. Kettenregel

Eine sehr wichtige Zusammensetzung zweier Funktionen g und f zu einer neuen Funktion ist die Verkettung v oder Hintereinanderausführung von g und f.

Ein Beispiel soll dies veranschaulichen. Es sei g: $z = g(x) = \frac{1}{3}x + \frac{1}{3}$ und f: $y = f(z) = z^2$. Führt man diese zwei Funktionen hintereinander aus, zuerst g und dann f, so erhält man v: $y = f(g(x)) = \left(\frac{1}{3}x + \frac{1}{3}\right)^2$. Um diese Ableitung der verketteten Funktion v zu ermitteln, untersuchen wir die Sekantensteigungen bzw. Differenzenquotienten von f, g und v:

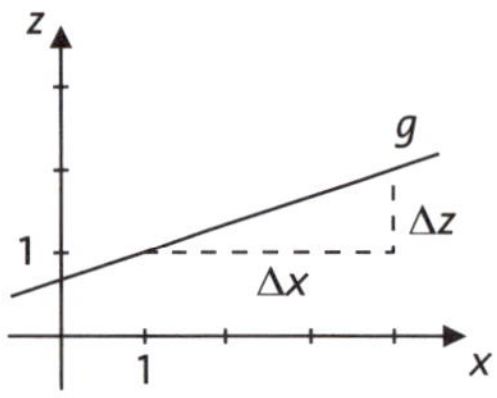

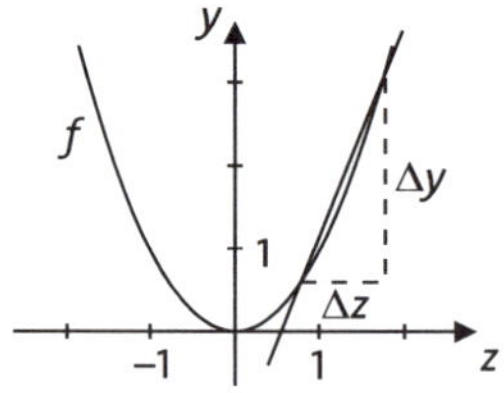

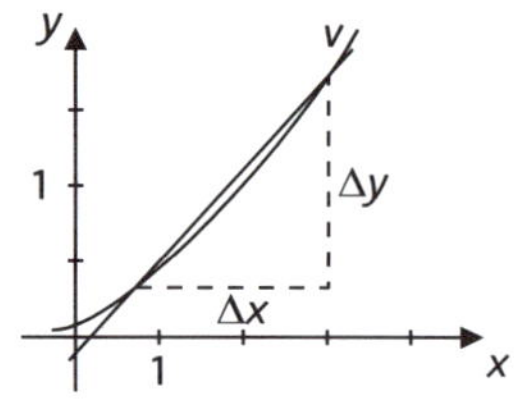

$$m_g = \frac{\Delta z}{\Delta x}$$

$$g'(x) = \lim_{\Delta x \to 0} \frac{\Delta z}{\Delta x}$$

$$m_f = \frac{\Delta y}{\Delta z}$$

$$f'(z) = \lim_{\Delta z \to 0} \frac{\Delta y}{\Delta z}$$

$$m_v = \frac{\Delta y}{\Delta x}$$

Es gilt: $\frac{\Delta y}{\Delta x} = \frac{\Delta y}{\Delta z} \cdot \frac{\Delta z}{\Delta x}$

Mit $\Delta x \to 0$ ist auch $\Delta z \to 0$, es folgt:

$$\lim_{\Delta x \to 0} \frac{\Delta y}{\Delta x} = \lim_{\Delta z \to 0} \frac{\Delta y}{\Delta z} \cdot \lim_{\Delta x \to 0} \frac{\Delta z}{\Delta x}$$

$$v'(x) = f'(z) \cdot g'(x)$$

Sind die beiden Funktionen $g : z = g(x)$ und $f : y = f(z)$ differenzierbar und liegen die Funktionswerte $z = g(x)$ im Definitionsbereich von f, so ist auch die verkettete Funktion $v : y = f(g(x))$ differenzierbar. Es gilt:
$v'(x) = [f(g(x))]' = f'(z)\, g'(x)$ mit $z = g(x)$.
$f'(z)$ heißt äußere Ableitung oder auch Ableitung nach z,
$g'(x)$ heißt innere Ableitung oder auch Ableitung nach x.

Anmerkung 1: Bei der Verkettung kommt es auf die Reihenfolge an. Führt man zuerst $f : z = f(x) = x^2$ und anschließend $g : y = g(z) = \frac{1}{3}z + \frac{1}{3}$ aus, so erhält man $u(x) = g(f(x)) = \frac{1}{3}x^2 + \frac{1}{3}$. Man erkennt sofort $g(f(x)) \neq f(g(x))$.

Anmerkung 2: Bei der Kettenregel kommt es entscheidend darauf an, zu erkennen, welches die innere und welches die äußere Funktion ist. Im obigen Beispiel $v(x) = f(g(x)) = \left(\frac{1}{3}x + \frac{1}{3}\right)^2$ ist $g(x) = \frac{1}{3}x + \frac{1}{3}$ die innere und $f(z) = z^2$ die äußere Funktion. Um Funktionswerte v(x) zu berechnen, muss zuerst $g(x) = \frac{1}{3}x + \frac{1}{3}$ berechnet werden und danach wird quadriert; man rechnet stets „von innen nach außen"!

5. Wurzelfunktionen

Wurzelfunktionen lassen sich – wie andere Funktionen auch – grafisch darstellen. Tangentenkonstruktionen führen auch hier auf grafische Weise zur Ableitung. Bequeme rechnerische Wege ergeben sich durch den Umstand, dass Wurzelfunktionen sich in Potenzschreibweise darstellen lassen, dabei sind die Exponenten freilich nicht mehr ganzzahlig. Ihre Ableitungen lassen sich dann mithilfe der Kettenregel bestimmen.

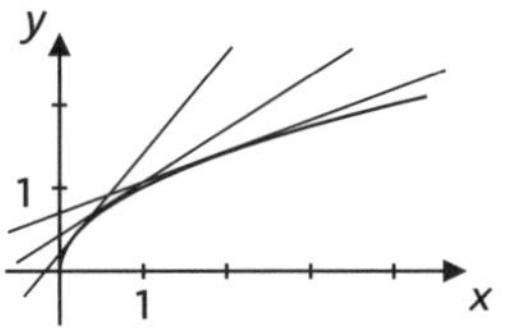

Der Graph von w_1:
$y = \sqrt{x}$.
Die Anstiege sind für alle $x > 0$ positiv; sie werden mit zunehmenden x flacher und flacher.

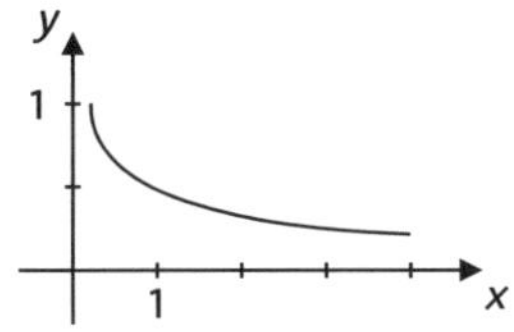

Tabelle einiger Anstiege:

x	0	1	2	3	54	...
m_t	–	0,5	0,33	0,3	0,25	...

w_1: $y = \sqrt{x}$ mit $x \in \mathbf{R}^+$

1. w_1 in Potenzschreibweise:
   $y = x^{\frac{1}{2}} \Rightarrow y^2 = x$
2. Die Ableitung:
   $(y^2)' = x'$
3. Vorsicht – Kettenregel!
   $2y \cdot y' = x'$
   $\Rightarrow y' = \frac{1}{2y} = \frac{1}{2\sqrt{x}}$
   $\Rightarrow y' = \frac{1}{2} x^{-\frac{1}{2}}$

Diese Methode lässt sich im Prinzip bei jeder Wurzelfunktion durchführen:

w_2: $y = \sqrt[n]{x}$

1. w_2 in Potenzschreibweise :
   $y = x^{\frac{1}{n}} \Rightarrow y^n = x$
2. Die Ableitung :
   $(y^n)' = x'$
3. Vorsicht – Kettenregel!
   $n\, y^{n-1} y' = x'$
   $\Rightarrow y' = \frac{1}{ny^{n-1}} = \frac{1}{n(x^{\frac{1}{n}})^{n-1}}$
   $\Rightarrow y' = \frac{1}{n} x^{\frac{1}{n}-1}$

w_3: $y = \sqrt[n]{x^m}$

1. w_3 in Potenzschreibweise :
   $y = x^{\frac{m}{n}} \Rightarrow y^n = x^m$
2. Die Ableitung :
   $(y^n)' = (x^m)'$
3. Vorsicht – Kettenregel!
   $n\, y^{n-1} y' = m \cdot x^{m-1} \cdot x'$
   $\Rightarrow y' = \frac{m}{n} x^{\frac{m}{n}-1}$

Die Potenzregel $\mathbf{f(x) = x^n \Rightarrow f'(x) = n \cdot x^{n-1}}$ gilt nicht nur für ganzzahlige, sondern auch für gebrochene Exponenten.

Wurzeln lassen sich als Potenzen mit gebrochenen Exponenten darstellen. Wurzelfunktionen können deshalb auch nach der Potenzregel abgeleitet werden.

6. Beispiele

Wer sich auf Differentialrechnung einlässt, muss mit Ableitungsregeln sicher und routiniert umgehen können. Die Beispiele wollen dies unterstützen. Die aufgezeigten Lösungsmuster sollen deutlich machen, wie dieses ineinandergreifende Regelwerk für Ableitungen im konkreten Fall nutzbar gemacht werden kann.

Beispiel 1: $a(x) = 7x^2 - 1{,}8x^5 + = \frac{2}{x^3}$

$$a'(x) = \left[7x^2 - 1{,}8x^5 + \frac{2}{x^3}\right]'$$

1. a ist eine Summenfunktion. Es greift die Summenregel.

   $\Rightarrow a'(x) = (7x^2)' - (1{,}8x^5)' + \left(\frac{2}{x^3}\right)'$

2. Die Einzelterme: Es greifen die Potenzregel sowie die Regel über Konstanten.

   $(7x^2)' = 7 \cdot 2x^1 = 14x$

   $(1{,}8x^5)' = 1{,}8 \cdot 5x^4 = 9x^4$

   $\left(\frac{2}{x^3}\right)' = (2x^{-3})' = 2 \cdot (-3)x^{-4} = -\frac{6}{x^4}$

3. Die Ableitung: $a'(x) = 14x - 9x^4 - \frac{6}{x^4}$

Beispiel 2: $b(x) = \sqrt[4]{x} + \frac{1 - 2x^2}{2 - x^2}$

$$b'(x) = \left[\sqrt[4]{x} + \frac{1 - 2x^2}{2 - x^2}\right]'$$

1. b ist eine Summenfunktion.

   $\Rightarrow b'(x) = (\sqrt[4]{x})' + \left(\frac{1 - 2x^2}{2 - x^2}\right)'$

2. Die Einzelterme: Für den einen die Potenzregel, für den anderen die Quotientenregel.

   $(\sqrt[4]{x})' = (x^{\frac{1}{4}})' = \frac{1}{4}x^{-\frac{3}{4}} = \frac{1}{4\sqrt[4]{x^3}}$

   $\left(\frac{1 - 2x^2}{2 - x^2}\right)' = \frac{(2 - x^2)(1 - 2x^2)' - (1 - 2x^2)(2 - x^2)'}{(2 - x^2)^2} = -\frac{6x}{(2 - x^2)^2}$

3. Die Ableitung : $b'(x) = \frac{1}{4\sqrt[4]{x^3}} - \frac{6x}{(2 - x^2)^2}$

Beispiel 3: $c(x) = (1 + 2x + 3x^2)(4x^3 + 5x^4 + 6x^5)$

$$c'(x) = [(1 + 2x + 3x^2)(4x^3 + 5x^4 + 6x^5)]'$$

1. c ist eine Produktfunktion. Es greift die Produktregel.

   $\Rightarrow c'(x) = (1 + 2x + 3x^2)(4x^3 + 5x^4 + 6x^5)' + (1 + 2x + 3x^2)'(4x^3 + 5x^4 + 6x^5)$

2. Die Einzelterme: Es greifen die Summen- und Potenzregel sowie die Regel über Konstanten.

$(4x^3 + 5x^4 + 6x^5)' = 12x^2 + 20x^3 + 30x^4$

$(1 + 2x + 3x^2)' = 2 + 6x$

3. Die Ableitung: $c'(x) = (1 + 2x + 3x^2)(12x^2 + 20x^3 + 30x^4) + (2 + 6x)(4x^3 + 5x^4 + 6x^5)$

$$\underline{\underline{c'(x) = 12x^2 + 52x^3 + 140x^4 + 162x^5 + 126x^6}}$$

7. Roter Faden

Ableitung von Konstanten

Jede Konstante hat 0 als Ableitung. $[a]' = 0$

Eine additive Konstante fällt beim Differenzieren weg. $[f(x) + a]' = f'(x)$

Eine multiplikative Konstante bleibt beim Differenzieren als Faktor erhalten. $[a \cdot f(x)]' = a \cdot f'(x)$

Summenregel

Summen und Differenzen werden gliedweise differenziert. Die Ableitung einer Summe (Differenz) ist gleich der Summe (Differenz) der Ableitungen.

$[f(x) + g(x)]' = f'(x) + g'(x)$

$[f(x) - g(x)]' = f'(x) - g'(x)$

Produktregel

Produkte werden **nicht** gliedweise differenziert. $[f(x)\, g(x)]' = f(x)\, g'(x) + f'(x)\, g(x)$

Quotientenregel

Die Ableitung eines Quotienten ist **nicht** der Quotient der Ableitungen.

$$\left[\frac{f(x)}{g(x)}\right]' = \frac{g(x)\, f'(x) - f(x)\, g'(x)}{g^2(x)}$$

Kettenregel

Die Ableitungen einer verketteten Funktion ist das Produkt von äußerer und innerer Ableitung.

$[f(g(x))]' = f'(z) \cdot z' \text{ mit } z = g(x)$

$= f'(g(x)) \cdot g'(x)$

Erweiterte Potenzregel

Die Potenzregel gilt auch für gebrochene Exponenten. $f(x) = x^n \Rightarrow f'(x) = n \cdot x^{n-1}$ für $n \in \mathbf{Q}$

8. Übungen

1. Es ist $f(x) = x^3$. Ergänzen Sie die Tabelle.

$f'(3)$	$f'(3^2)$	$f'(3^3)$	$f'(5^3)$	$f'(3^{-1})$	$f'(-3^{-1})$	$f'(-5^{-3})$	$f'(-3^{-3})$	$f'(-3)$

2. Bilden Sie die Ableitungen.

a) $y = 7$ **b)** $y = 6x^4 - 8$ **c)** $y = \frac{1}{3}x^3 + x\sqrt{3}$

d) $y = 3x^2 + \frac{1}{x^2} + 2\sqrt{5}$ **e)** $y = \frac{3}{x^3} + \frac{4}{x^4} + \frac{5}{x^5}$ **f)** $y = 2\sqrt{x} - \frac{6}{\sqrt{x}} + \frac{3}{x\sqrt[3]{x}}$

3. Bilden Sie die Ableitung mithilfe der Produkt- bzw. Quotientenregel.

a) $y=(x+x^2)(1-x^2)$ **b)** $y=(1+2x+3x^2)(1-2x-3x^2)$ **c)** $y = \left(2x - \frac{2}{x}\right)\left(x^2 + \frac{1}{x^2}\right)$

d) $y = \frac{1-x}{1+x^2}$ **e)** $y = \frac{\sqrt{x}}{1+x}$ **f)** $y = \frac{1+\sqrt{x}}{1-\sqrt{x}}$

4. Bilden Sie die Ableitung mithilfe der Kettenregel.

a) $y=(1+10x+200x^2)^5$ **b)** $y = \left(x^4 - 1 + \frac{1}{x^4}\right)^2$ **c)** $y = \left(\frac{1}{2x^2+3}\right)^3$

d) $y = \sqrt{x^2+4x+5}$ **e)** $y = \sqrt{\frac{x-1}{x+1}}$ **f)** $y = \sqrt{1+\sqrt{1+x}}$

5. Bilden Sie die Ableitungen.

a) $y=(x^2-5)(2x+3)^5$ **b)** $y = \sqrt{3x+1}\,(3-x^3)^4$ **c)** $y = \frac{1}{(x^4-3x^2+2)^3}$

d) $y = \sqrt{\frac{x-5}{x+5}}$ **e)** $y = \sqrt{x+\sqrt{x+\sqrt{x}}}$ **f)** $y = \sqrt[3]{x+\sqrt[3]{x+\sqrt[3]{x}}}$

6. Die Ableitung von $f(x) = x^3$ ist bekanntlich $(x^3)' = 3x^2$.

a) Folgern Sie daraus $(x^4)' = 4x^3$. (Tipp: $x^4 = x^1 \cdot x^3$)

b) Folgern Sie weiterhin $(x^5)' = 5x^4$.

c) Zeigen Sie: Wenn $(x^n)' = nx^{n-1}$ für eine natürliche Zahl n richtig ist, dann muss auch $(x^{n+1})' = (n+1)\,x^n$ richtig sein.

7. a) Entwickeln Sie eine Ableitungsregel für eine Funktion p, die sich als Produkt von 3 differenzierbaren Funktionen darstellen lässt, d. h. $p(x) = f(x)\,g(x)\,h(x)$.

b) Entwickeln Sie eine Ableitungsregel für eine Funktion q, die sich als Produkt von 4 differenzierbaren Funktionen darstellen lässt, d. h.
$q(x) = f(x)\,g(x)\,h(x)\,k(x)$.

7. Trigonometrische Funktionen

1. Sinus- und Kosinusfunktion

Die Graphen

Die Graphen von Sinus und Kosinus lassen sich auf ähnliche Weise konstruieren: Ein Zeiger der Länge 1 dreht sich – ähnlich wie die Speiche eines Rades. Der Zeiger wird beleuchtet – einmal horizontal, das andere Mal vertikal. Sein Schatten zeigt`s an – einmal den Sinus, das andere Mal den Kosinus.

Sinus

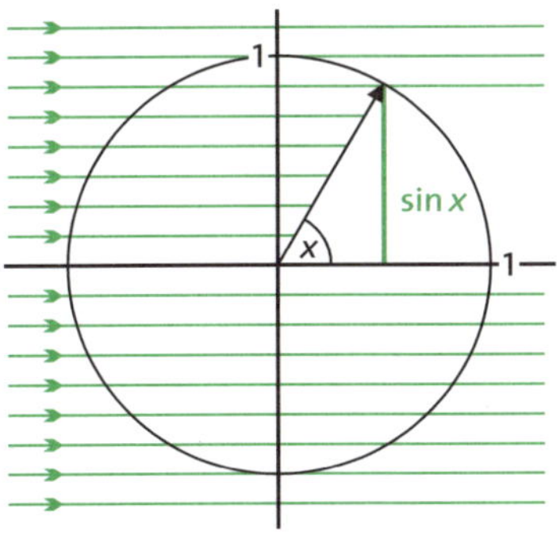

Kosinus

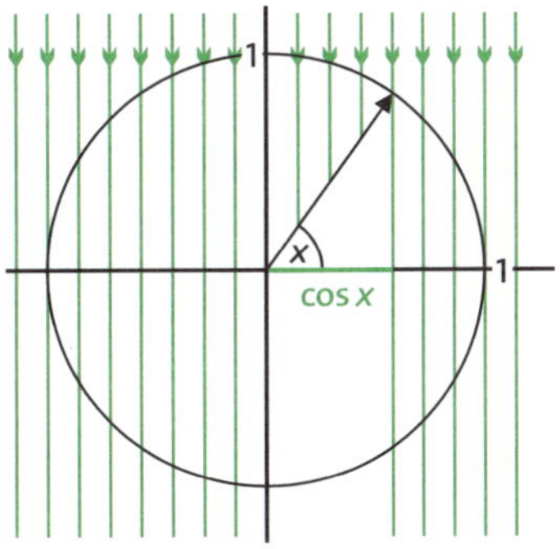

Es genügt von einigen Winkeln die zugehörigen Sinus- bzw. Kosinuswerte zu kennen, um ihre Graphen hinreichend genau zu zeichnen. Die folgende Tabelle ist dabei sehr hilfreich – und überdies leicht zu merken! (Übrigens, Grad- und Bogenmaß sind eng miteinander verknüpft. Es genügt zu wissen: 360° und 2 π meinen beide den Vollwinkel.)

x im Gradmaß	0°	30°	45°	60°	90°
x im Bogenmaß	0	$\frac{\pi}{6}$	$\frac{\pi}{4}$	$\frac{\pi}{3}$	$\frac{\pi}{2}$
sin x	$\frac{\sqrt{0}}{2}$	$\frac{\sqrt{1}}{2}$	$\frac{\sqrt{2}}{2}$	$\frac{\sqrt{3}}{2}$	$\frac{\sqrt{4}}{2}$
cos x	$\frac{\sqrt{4}}{2}$	$\frac{\sqrt{3}}{2}$	$\frac{\sqrt{2}}{2}$	$\frac{\sqrt{1}}{2}$	$\frac{\sqrt{0}}{2}$

Die Ableitung – zeichnerisch

Die Graphen – sorgfältig gezeichnet – verraten spätestens auf den zweiten Blick ihre Ableitungen. Wir erinnern: Die Ableitung an einer Stelle bedeutet geometrisch den Anstieg der Tangente. Wir laden ein – ausgerüstet mit nichts anderem als Papier, Bleistift und Lineal –, die Konstruktion der Ableitungsfunktion von Sinus bzw. Kosinus von Hand nachzuvollziehen. Und so wird´s gemacht:

1. Zuerst wird die Sinus- bzw. die Kosinuskurve gezeichnet.
2. Dann werden an die Kurven Tangenten angepasst. An den Stellen 0, $\frac{\pi}{2}$; π; $\frac{3}{2}\pi$; 2π ... erkennt man die Anstiege auf einem Blick; sie haben die Werte 0; 1 oder –1.

   An anderen Stellen muss gezählt und gemessen werden; so ist z. B. bei $x = \frac{\pi}{4}$ der Anstieg des Sinus etwa $\frac{3{,}5}{5} = 0{,}7$, jener des Kosinus etwa $-\frac{3{,}5}{5} = -0{,}7$.
3. Diese Werte werden in ein neues Koordinatensystem übertragen – es entsteht die Ableitungsfunktion!

Sinus

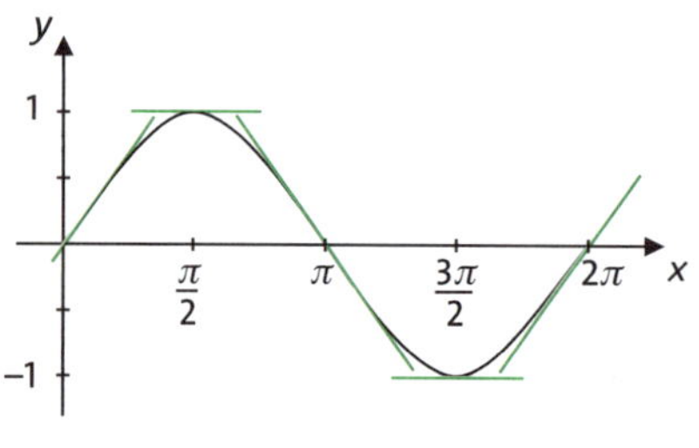

Kosinus

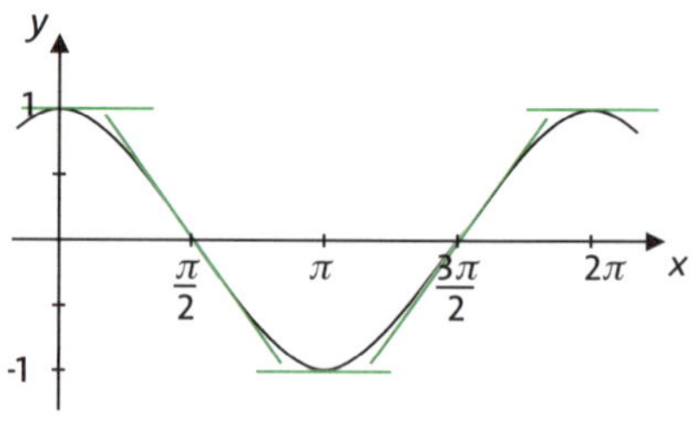

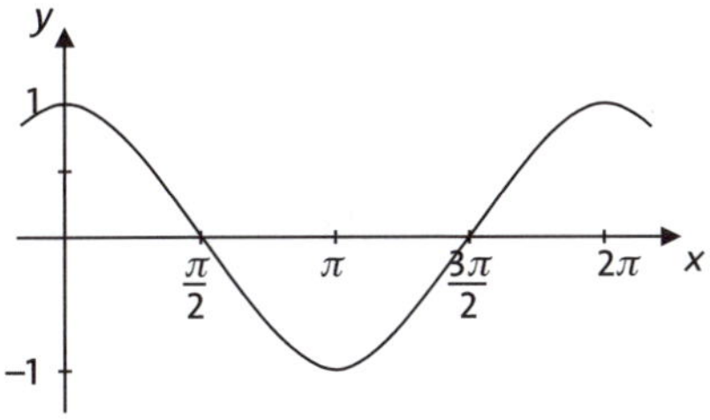

Ableitungsfunktion vom Sinus

Sie ist wohl bekannt!
Sie ist dem Kosinus zum Verwechseln ähnlich! Wir wissen: Bilder allein haben keine Beweiskraft; doch hier wird die sich aufdrängende Vermutung fast zur Gewissheit:

$\sin' x = \cos x$

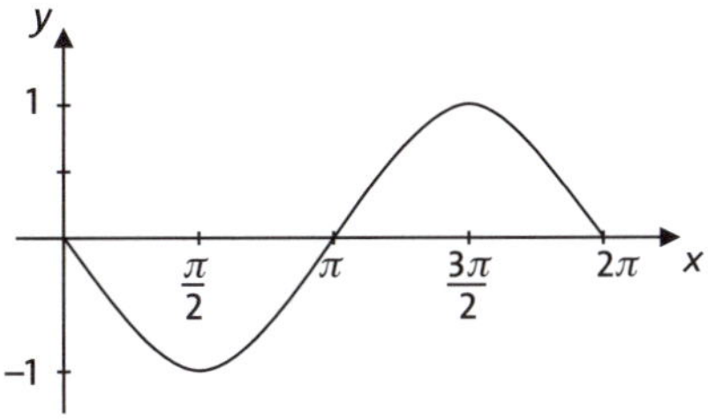

Ableitungsfunktion vom Kosinus

Auch sie ist keine Unbekannte!
Sie erinnert an den Sinus – bis auf das Vorzeichen! Die Ähnlichkeit scheint mehr als nur Zufall zu sein. Wir halten fest:

$\cos' x = -\sin x$

2. Tangens- und Kotangensfunktion

Die Ableitung – rechnerisch

Tangens und Kotangens sind Quotienten bekannter Funktionen; ihre Ableitungen findet man daher am bequemsten mit der Quotientenregel.

$$\tan' x = \left(\frac{\sin x}{\cos x}\right)' = \frac{\cos x(\sin x)' - \sin x(\cos x)'}{\cos^2 x} = \frac{\cos^2 x + \sin^2 x}{\cos^2 x}$$

$$\cot' x = \left(\frac{\cos x}{\sin x}\right)' = \frac{\sin x(\cos x)' - \cos x(\sin x)'}{\sin^2 x} = -\frac{\cos^2 x + \sin^2 x}{\sin^2 x}$$

Dieses Ergebnis lässt sich noch etwas eleganter und kürzer fassen. In einem rechtwinkligen Dreieck der Hypotenuse 1 haben die Katheten die Längen sin x bzw. cos x. Es ist der altehrwürdige Pythagoras, der die so wichtige Beziehung zwischen Sinus und Kosinus stiftet: $\sin^2 x + \cos^2 x = 1^2$.

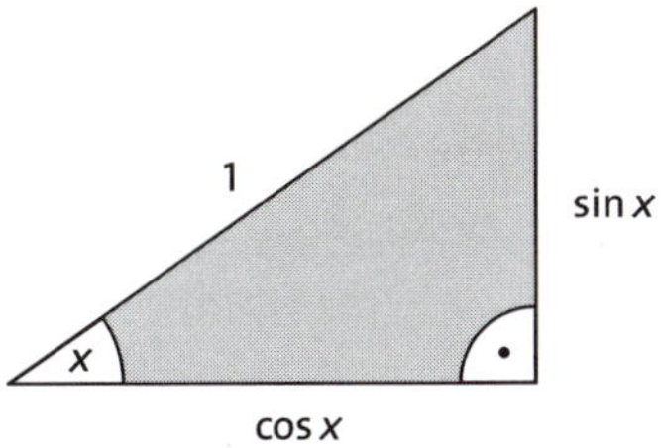

Damit folgt:

$$\tan' x = \frac{1}{\cos^2 x}$$

$$\cot' x = -\frac{1}{\sin^2 x}$$

3. Beispiele

Beispiel 1: $a(x) = 2x \sin x$

a) Man bestimme die Ableitung von a.

b) Wie lautet die Tangentengleichung an der Stelle $x = \pi$?

Lösung:

a) a ist eine Produktfunktion.

$\Rightarrow\ a'(x) = (2x \sin x)'$
$= 2x (\sin x)' + (2x)' \sin x$
$a'(x) = 2x \cos x + 2\sin x$

b) Für die Tangente gilt:

b1) Sie ist eine Gerade, d. h. von der Form $y = mx + n$.

b2) Sie geht durch den Punkt $(\pi | a(\pi))$.
Wegen $a(\pi) = 2\pi \cdot \sin \pi = 0$ ist deshalb:
$0 = m\pi + n$.

b3) Die Tangente hat an der Stelle $x = \pi$ die gleiche Steigung wie der Graph, d. h.:
$a'(\pi) = 2\pi \cos \pi + 2 \sin \pi$
$= -2\pi = m$.

Aus b2) folgt damit $n = 2\pi^2$. Die Tangentengleichung lautet:
$y = -2\pi x + 2\pi^2$

Beispiel 2: $b(x) = \sin x \cos x$

a) Man bestimme die Ableitung von b.

b) An welchen Stellen hat die Ableitung den Wert 0?

c) An welchen Stellen hat die Ableitung den Wert 1?

Lösung:

a) b ist eine Produktfunktion.

$\Rightarrow\ b'(x) = (\sin x \cos x)'$
$= \sin x (\cos x)' + (\sin x)' \cos x$
$b'(x) = -\sin^2 x + \cos^2 x$

b) $b'(x) = 0 \Rightarrow -\sin^2 x + \cos^2 x = 0$ wegen $\sin^2 x + \cos^2 x = 1$:
$\Rightarrow \sin^2 x = \frac{1}{2}$
$\Rightarrow \sin x = +\frac{\sqrt{2}}{2}$ oder $\sin x = -\frac{\sqrt{2}}{2}$

Diese Sinuswerte werden wegen der Periodizität von unendlich vielen Winkeln realisiert.

$x = 45° + k \cdot 360°$;
$x = 135° + k \cdot 360°$;
$x = 225° + k \cdot 360°$;
$x = 315° + k \cdot 360°$; $k \in \mathbf{N}$

c) $b'(x) = 1 \Rightarrow -\sin^2 x + \cos^2 x = 1$
$\Rightarrow \sin^2 x = 0$
$\Rightarrow \sin x = 0$
$x = 0° + k \cdot 180°$, $k \in \mathbf{N}$

4. Roter Faden

$\sin' x = \cos x$

$\cos' x = -\sin x$

$\tan' x = \frac{1}{\cos^2 x}$

$\cot' x = -\frac{1}{\sin^2 x}$

5. Übungen

1. a) Geben Sie die Winkel im Bogenmaß an.

α_g im Gradmaß	0°	10°	30°	36°	55°	200°	360°	1000°
α_b im Bogenmaß	0						2π	

b) Geben Sie die Winkel im Gradmaß an.

α_b im Bogenmaß	0	$\pi/180$	$\pi/20$	$\pi/8$	$5\pi/9$	1	2,7	100
α_g im Gradmaß								

c) Geben Sie eine Formel an, die α_b und α_g umzurechnen erlaubt.

2. Der Graph ist aus Sinusbögen zusammengesetzt. Zeichnen Sie die Ableitungskurve.

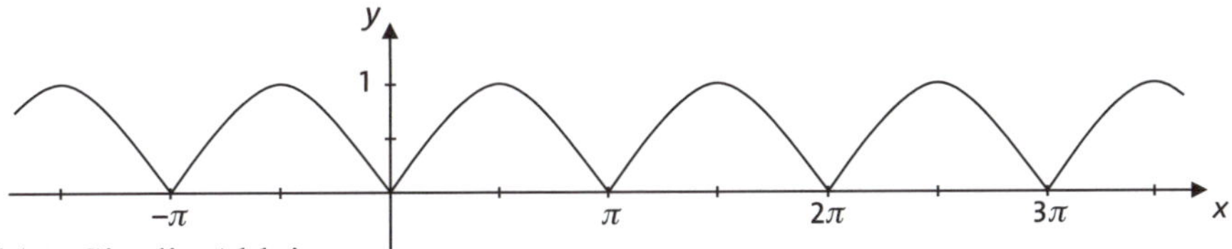

3. Bilden Sie die Ableitungen.

a) $a(x) = 2\sin(3x)$ **b)** $b(x) = x^2 \sin x$ **c)** $c(x) = \cos(\pi x - \pi)$

d) $d(x) = \sin^2 x$ **e)** $e(x) = \sin(x^2)$ **f)** $f(x) = \tan(1 - x^2)$

g) $g(x) = \frac{\tan x}{x}$ **h)** $h(x) = \sqrt{\cot x}$ **i)** $i(x) = \cot\sqrt{x}$

4. Noch einmal: Ableitungen!

a) $a(x) = (x^3 + 5x^2 - 3) \sin x$ **b)** $b(x) = \sin 3x \cos x$ **c)** $c(x) = \sin^2 x + \cos^2 x$

d) $d(x) = \sin(\cos x)$ **e)** $e(x) = (\sin^3 x + 4\cos 2x)$ **f)** $f(x) = \tan(\cot x)$

g) $g(x) = \tan x \cdot \cot x$ **h)** $h(x) = \sqrt{\tan 2x + \cot 4x}$ **i)** $i(x) = \frac{\sin \pi x}{\tan(x + \pi)}$

5. Trigonometrische Funktionen sind untereinander verwandt. Sie lassen sich durch andere trigonometrische Funktionen darstellen. Bilden Sie die Ableitungen und vergleichen Sie diese mit bekannten Ergebnissen.

a) $\cos x = \sin\left(x + \frac{\pi}{2}\right)$ **b)** $\cos x = \sqrt{1 - \sin^2 x}$

c) $\tan x = \frac{\sin x}{\sqrt{1 - \sin^2 x}}$ **d)** $\cot x = \frac{1}{\tan x}$

6. a) Zeichnen Sie den Graphen zu $f(x) = 2 \sin 3x$.

b) Welchen Anstieg hat der Graph an der Stelle $x = \frac{\pi}{9}$?

c) Zeichnen Sie bei $x = \frac{\pi}{9}$ die Tangente t und bestimmen Sie eine Gleichung der Tangente.

d) Zeichnen Sie weitere, zu t parallele Tangenten. Wie lauten die Gleichungen?

8. Exponential- und Logarithmusfunktionen

1. Exponentialfunktionen und ihre Ableitungen

Die Ableitung – grafisch

Exponentialfunktionen haben ausnahmslos ein sehr charakteristisches und klares Outfit:

- Sie verlaufen alle durch den Punkt (0|1).
- Sie steigen, wenn ihre Basis größer als 1 ist, unentwegt; zunächst fast unmerklich, dann aber stärker und immer stärker. Oder aber sie fallen unentwegt, wenn die Basis kleiner als 1 ist.

Wir untersuchen – stellvertretend für alle – die Exponentialfunktionen der Basis 2 bzw. 3.

Der Graph zu $y = 2^x$:

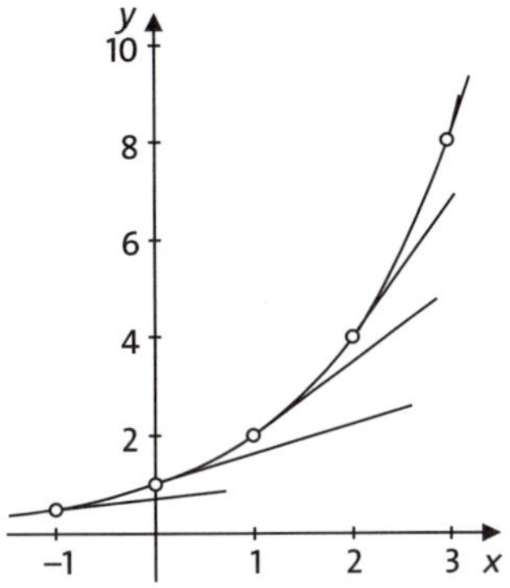

An einigen Stellen sind Tangenten gezeichnet. Ihre Steigungen werden festgestellt und in ein zweites Koordinatensystem übertragen.

Ableitung $y' = (2^x)'$:

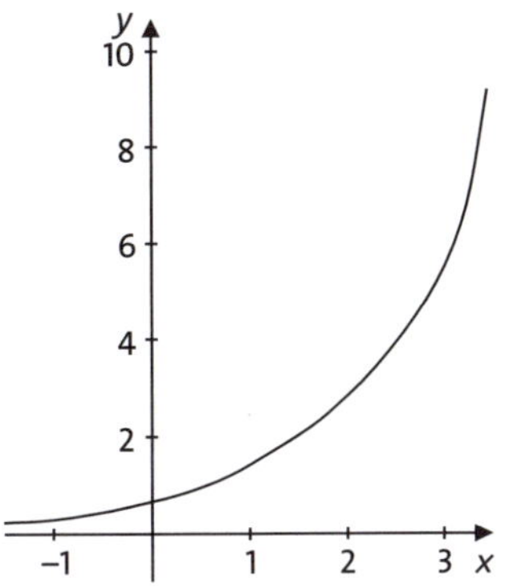

In der Tabelle sind einige Ableitungswerte festgehalten. Versuchen Sie, diese Konstruktionen selbstständig nachzuvollziehen.

x	–1	0	1	2	3
$y = 2^x$	0,5	1	2	4	8
$y' = (2^x)'$	0,33	0,7	1,4	2,8	5,5
$\frac{y'}{y}$	0,66	0,7	0,7	0,7	0,69

Es gilt also: $y = 2^x$

$y' \approx 0{,}7 \cdot 2^x$ bzw.

$y' = y'_{x=0} \cdot 2^x$

Der Graph zu $y = 3^x$:

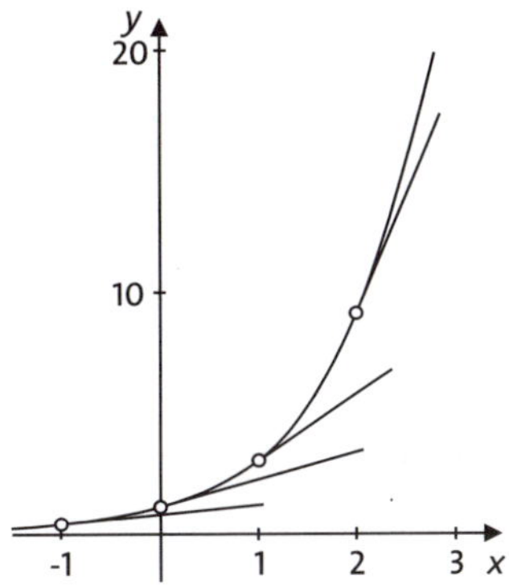

Je mehr Tangenten, je genauer die Zeichnung, desto genauer der Ableitungsgraph.

Ableitung $y' = (3^x)'$:

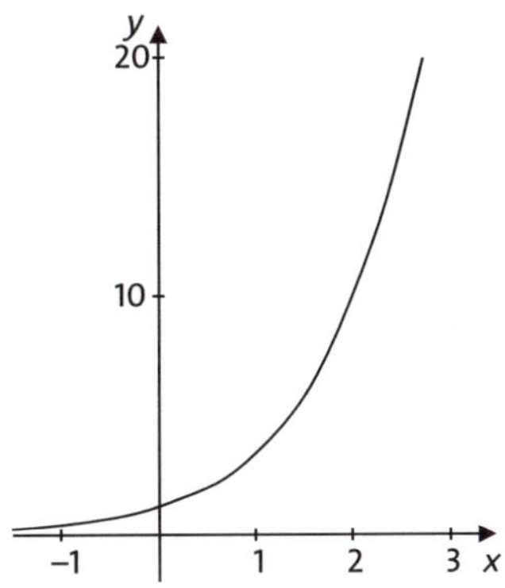

Bei genauerem Hinsehen erkennt man: Die Ableitungswerte y′ verhalten sich ähnlich wie die Funktionswerte y; ihr Quotient hat jeweils ein und denselben Wert!

x	–1	0	1	2	3
$y = 3^x$	0,33	1	3	9	27
$y' = (3^x)'$	0,33	1,1	3,3	10	30
$\frac{y'}{y}$	1	1,1	1,1	1,1	1,1

$y = 3^x$

$y' \approx 1{,}1 \cdot 3^x$ bzw.

$y' = y'_{x=0} \cdot 3^x$

Funktion und Ableitung sind zueinander proportional; sie unterscheiden sich nur um einen konstanten Faktor. Dieser Faktor ist jeweils die Ableitung an der Stelle $x = 0$.
Ist die Ableitung an dieser Stelle exakt bekannt, dann ist die Ableitung an allen anderen Stellen auch bekannt.

2. Die e-Funktion

Die e-Funktion – Gleiche unter Gleichen?

Exponentialfunktionen mit verschiedenen Basen sind nicht wesentlich verschieden. Und so lässt sich auch jede Exponentialfunktion in eine Exponentialfunktion mit anderer Basis transformieren: Wem beispielsweise Exponentialfunktionen der Basis 13 nicht behagen, der kann sie in solche der Basis 2 oder 10 umschreiben!
Sowohl in der Mathematik als auch in Anwendungen wird für Exponentialfunktionen die merkwürdig anmutende Basis e verwendet. Mathematiker bezeichnen sie als transzendente Zahl, um so ihren besonderen Charakter auszudrücken.
Als Dezimalzahl lässt sie sich stets nur in begrenzter Genauigkeit angeben; denn sie ist weder eine endliche noch eine unendlich-periodische Dezimalzahl. Und das sind ihre ersten Ziffern:

$e \approx 2{,}718281828459045235360287471352662497757247093699\ ...$

Sie lässt sich auch vollkommen exakt darstellen – freilich nur durch einen Grenzprozess! Wir geben (ohne nähere Begründung) die gängigsten Darstellungen an:

$e = \lim\limits_{n\to\infty}\left(1+\frac{1}{n}\right)^n$ bzw.

$$e = \lim_{n\to\infty}\left(1+\frac{1}{1}+\frac{1}{1\cdot 2}+\frac{1}{1\cdot 2\cdot 3}+\frac{1}{1\cdot 2\cdot 3\cdot 4}+\frac{1}{1\cdot 2\cdot 3\cdot 4\cdot 5}+\dots+\frac{1}{1\cdot 2\cdot 3\cdot 4\cdot 5\cdot\ldots\cdot n}+\dots\right)$$

Doch warum, so mag man fragen, wird diese so fremd und unhandlich anmutende Zahl e als Basis bevorzugt? Weil sie so bequem, so überaus bequem ist! Einen Hinweis darauf geben bereits die Exponentialfunktionen mit den Basen 2 bzw. 3. Für ihre Ableitungen haben wir $y' = (2^x)' \approx 0{,}7 \cdot 2^x$ bzw. $y' = (3^x)' \approx 1{,}1 \cdot 3^x$ gefunden. Funktion und Ableitungsfunktion unterscheiden sich nur um einen konstanten Faktor.
Es lohnt sich deshalb, zwischen 2 und 3 nach jener Basis zu fahnden, bei der dieser Faktor den Wert 1 hat. Die Exponentialfunktion dieser Basis ist mit ihrer Ableitungsfunktion identisch. Genau das leistet die Funktion $y = e^x$. Wir untersuchen dies durch Zeichnung und Rechnung!
Für jede Exponentialfunktion, also auch für $y = e^x$, gilt: $y' = (e^x)' = c \cdot e^x$.
Es geht also darum, den Zahlenwert des Faktors c festzustellen.
Wir erinnern: c bedeutet die Ableitung bei $x = 0$, d. h. $c = y'_{x=0}$.

Zeichnerisch bedeutet $c = y'_{x=0}$ den Anstieg der Tangenten bei $x = 0$.

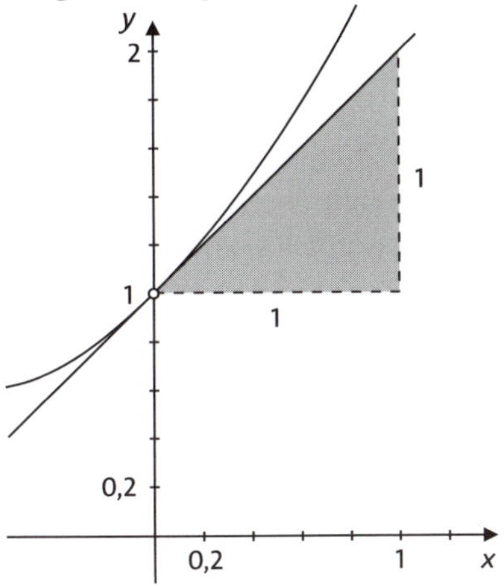

Die Zeichnung ergibt: $c = \frac{1}{1} = 1$.

Rechnerisch ist c der Grenzwert

$c = \lim_{\Delta x \to 0} \left(\frac{e^{\Delta x} - 1}{\Delta x} \right)$.

Wir begnügen uns, diesen Grenzwertprozess ein Stück zu begleiten – mit dem Taschenrechner keine Mühe!

h	$\frac{e^{\Delta x}-1}{\Delta x}$
0,1	1,05
0,01	1,005
0,001	1,0005
0,0001	1,00005
...	...

Die Zahlenbeispiele legen nahe: $c = 1$.

Das bedeutet: $y' = (e^x)' = e^x$

Die e-Funktion $y = e^x$ ist mit ihrer Ableitungsfunktion identisch.

e^x und die anderen

Zwar sind alle Exponentialfunktionen eng miteinander verwandt, aber keine weist eine so einfache und bequeme Ableitungseigenschaft auf wie die e-Funktion. Und das ist auch der Grund, weshalb sie gegenüber allen anderen Exponentialfunktionen bevorzugt wird, und weshalb man sich bemüht, Exponentialfunktionen in solche der Basis e umzuschreiben.

Wie lassen sich Exponentialfunktionen von einer Basis in eine andere umschreiben?

Was bedeutet das für die Ableitung einer Exponentialfunktion?

Wir machen dies deutlich, indem wir $y = 2^x$ in die Basis e transformieren.

$y = 2^x$ $\longrightarrow$ Wegen $2 = e^{\ln 2}$ gilt: $\underline{\underline{y = 2^x = e^{x \ln 2}}}$

Die so vorteilhafte Darstellung in der Basis e hat freilich ihre nachteilige Kehrseite; denn mit $y = e^{x \ln 2}$ liegt nunmehr eine verkettete Funktion vor. Diese Darstellung erlaubt dennoch – allerdings unter Anwendung der Kettenregel – die Ableitung von $y = 2^x = e^{x \ln 2}$ exakt anzugeben:

$y' = (2^x)' = (e^{x \ln 2})'$ Mit $u = x \ln 2$ folgt :

$y' = (e^u)' u'$

$y' = e^u \cdot \ln 2$ Also ist:

$\underline{\underline{y' = (2^x)' = 2^x \cdot \ln 2}}$

Das Beispiel $y = 2^x$ steht für alle. Wir halten fest:

$y' = (2^x)' = 2^x \cdot \ln 2$

$y' = (3^x)' = 3^x \cdot \ln 3$

$y' = (a^x)' = a^x \cdot \ln a$

3. Logarithmusfunktionen und ihre Ableitungen

Die Ableitung – grafisch

Logarithmus- und Exponentialfunktionen sind eng miteinander verwandt. Der Graph einer Logarithmusfunktion lässt sich mühelos herstellen: Man braucht lediglich die entsprechende Exponentialfunktion an der 1. Winkelhalbierenden y = x zu spiegeln. Jede Logarithmusfunktion ist die Umkehrfunktion einer Exponentialfunktion!

Die Eigenschaften der Logarithmusfunktionen lassen sich deshalb aus jenen der Exponentialfunktionen erschließen. Jede Logarithmusfunktion verläuft durch den Punkt (0|1). Logarithmusfunktionen mit Basen größer als 1 steigen unentwegt, jene mit Basen kleiner als 1 fallen. Wir präsentieren – stellvertretend für alle – die Logarithmusfunktionen der Basis e bzw. 10:

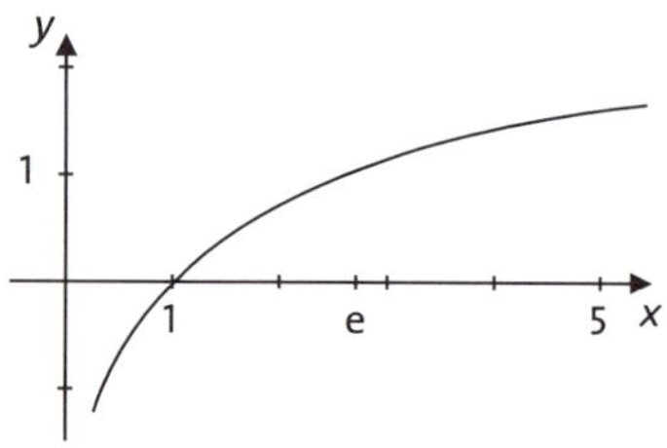

f(x) = ln x

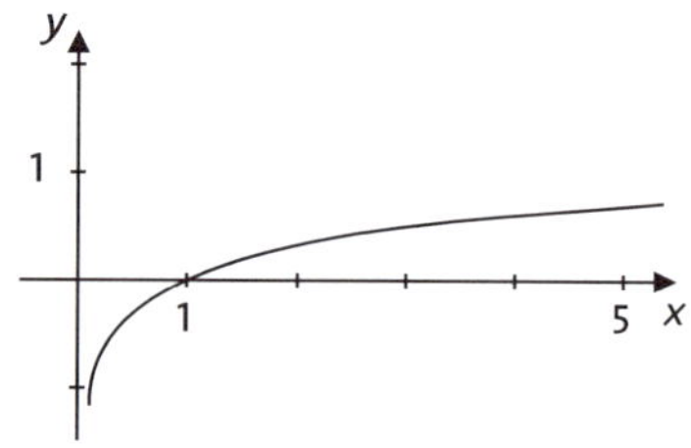

f(x) = lg x

Wir laden ein, diese und weitere Graphen sorgfältig zu zeichnen, ihnen Tangenten anzupassen und ihre Anstiege in ein neues Koordinatensystem zu übertragen.

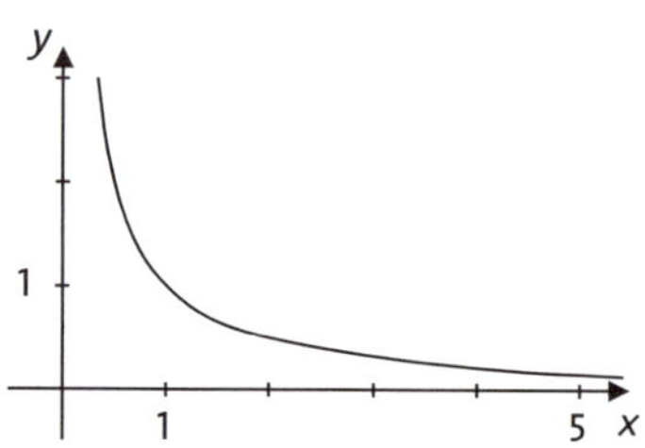

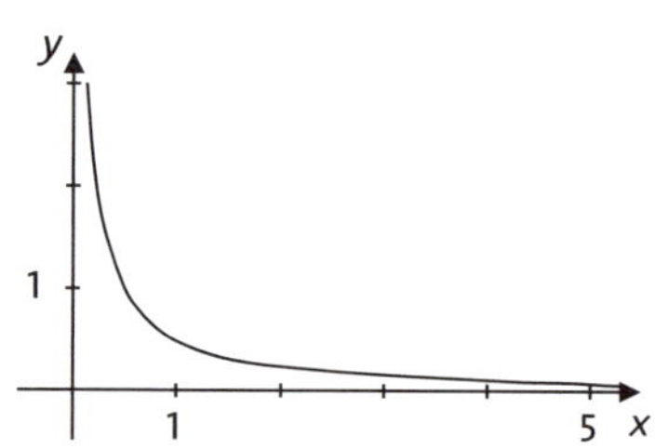

Einige wenige Ableitungswerte sind in den Tabellen festgehalten. Bei etwas genauerem Hinsehen wird auffallen: Je größer x, desto kleiner y′. Wer wollte da nicht y′· x untersuchen!

x	0,5	1	2	5
y′= (ln x)′	2	1	0,5	0,2
y′· x	1	1	1	1

x	0,5	1	2	5
y′= (lg x)′	1	0,5	0,25	0,1
y′· x	0,5	0,5	0,5	0,5

Es folgt also : $y' = (\ln x)' \approx \frac{1}{x}$ $y' = (\lg x)' \approx 0{,}5 \cdot \frac{1}{x}$

4. Roter Faden

$(e^x)' = e^x$	$(a^x)' = a^x \ln a$
$(\ln x)' = \frac{1}{x}$	$(\log_a x)' = \frac{1}{x} \cdot \frac{1}{\ln a}$

5. Übungen

1. a) Zeichnen Sie mithilfe der Wertetabelle den Graphen der Funktion $y = 10^x$ im Bereich $[-1|+1]$. Wählen Sie den Maßstabe möglichst groß, um eine gute Zeichengenauigkeit zu erhalten.

b) Zeichnen Sie an der Stelle $x = 0$ die Tangente an den Graphen. Wie groß ist der Anstieg?

c) Geben Sie die Gleichung der Tangente an.

d) Geben Sie die Ableitungsfunktion zu $y = 10^x$ an. Wie groß ist der Anstieg der Tangenten an den Graphen von $y = 10^x$ an den Stellen $x = 1$; $x = 10$; $x = -1$; $x = -10$?

x	$y = 10^x$
– 1,0	0,100
– 0,8	0,158
– 0,6	0,251
– 0,4	0,398
– 0,2	0,631
0	1,000
0,2	1,585
0,4	2,512
0,6	3,981
0,8	6,310
1,0	10,000

2. Geben Sie die Lösungen folgender Gleichungen an.

a) $3e^{2x} = 20$ **b)** $2e^{-0,3x} = 1$ **c)** $e^{4-2x} = 1$

d) $10^x = 2 \cdot 5^x$ **e)** $2 \ln x = 5$ **f)** $\ln(\ln 4x) = 0$

3. Bestimmen Sie die Ableitungen.

a) $y = 4e^x$ **b)** $y = 5\,e^x + x^3$ **c)** $y = 10^x + 0{,}1^x$

d) $y = \sin x\, e^x$ **e)** $y = 2\,e^{3-x}$ **f)** $y = x\sqrt{1 + e^x}$

4. Bestimmen Sie dei Ableitungen.

a) $y = \ln 2x$ **b)** $y = 3\ln(ex + e^3)$ **c)** $y = x^2 \ln x$

d) $y = 10^x \lg x$ **e)** $y = \ln(x^2 + 4x + 4)$ **f)** $y = \ln\sqrt{x}$

5. a) Zeichnen Sie den Graphen der Funktion $y = 0{,}1 \cdot 10^{0,5x}$. Bedenken Sie: Die Einheiten auf den Achsen sind hier recht unterschiedlich zu wählen!

b) Zeichnen Sie an den Stellen $x = 0$, $x = 1$, $x = 2$ die Tangenten an den Graphen und bestimmen Sie auf diese Weise die Anstiege an diesen Stellen.

c) Bestimmen Sie rechnerisch die Anstiege bei $x = 0$, $x = 1$, $x = 2$. Wie heißen die Gleichungen der Tangenten an diesen Stellen?

9. Graphen und Ableitungen

1. Monotonie

Wo geht es bei dem Graphen bergauf, wo bergab?
Diese so simple Frage lässt sich nicht simpel beantworten! So kann man beispielsweise den abgebildeten Graphen zwischen A und B sowohl als steigend als auch als fallend beschreiben: als steigend, wenn man ihn von A nach B durchläuft, und als fallend, wenn man ihn von B nach A durchläuft!

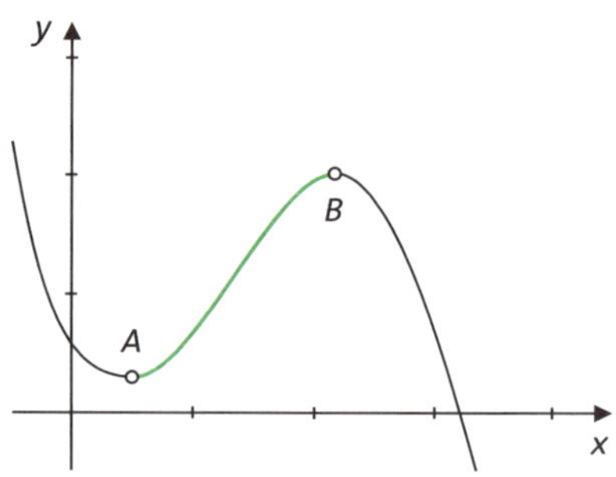

Solche Doppeldeutigkeiten erschweren die Verständigung. Um sie zu vermeiden, werden Graphen stets so durchlaufen, wie die Achsenrichtungen es angeben; in x-Richtung wird üblicherweise von links nach rechts gelesen, in y-Richtung von unten nach oben. Der abgebildete Graph ist demnach bis A fallend, zwischen A und B ist er steigend, ab B ist er fallend!

Die Monotonie eines Graphen, d. h. sein Steigen und Fallen, lässt sich mit unterschiedlichen Mitteln untersuchen. Die eine Methode besteht darin, benachbarte Funktionswerte zu vergleichen; die andere Methode verwendet die Ableitung.

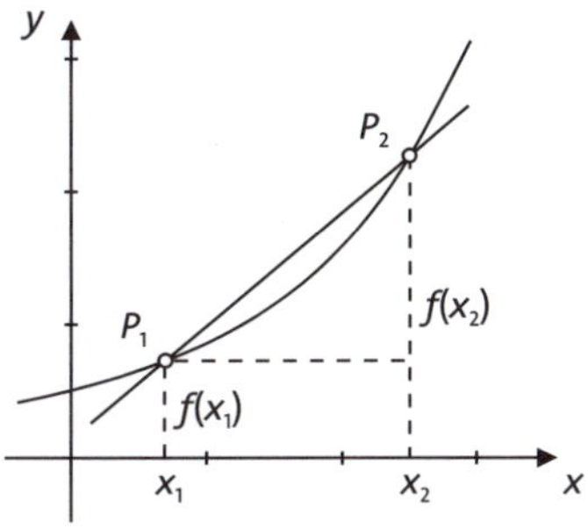

Der Graph ist (streng) monoton steigend; d. h.:

1. Für zwei benachbarte Stellen gilt: Der Funktionswert rechts ist größer als links.
   $x_1 < x_2 \Rightarrow f(x_1) < f(x_2)$.
2. $\frac{f(x_2) - f(x_1)}{x_2 - x_1} > 0$, d. h. der Sekantenanstieg ist positiv.

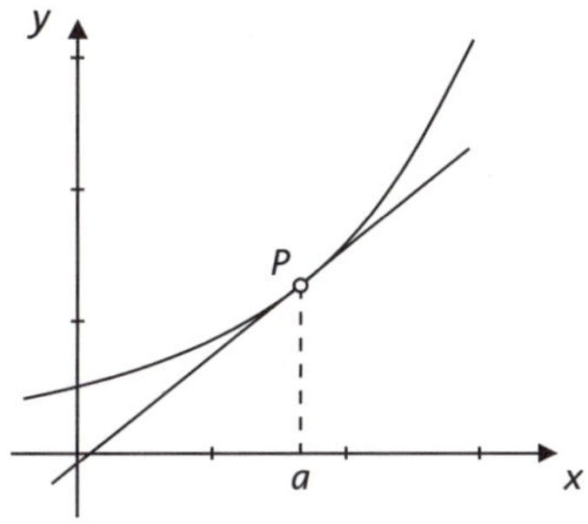

Der Graph ist (streng) monoton steigend; d. h.:
Der Anstieg ist an der Stelle a positiv: $f'(a) > 0$.

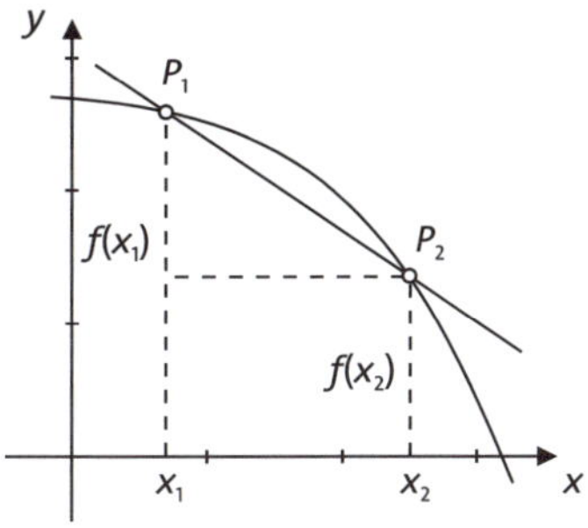

Der Graph ist (streng) monoton fallend; d. h.:

1. Für zwei benachbarte Stellen gilt: Der Funktionswert rechts ist kleiner als links.
   $x_1 < x_2 \Rightarrow f(x_1) > f(x_2)$.
2. $\frac{f(x_2) - f(x_1)}{x_2 - x_1} < 0$, d. h. der Sekantenanstieg ist negativ.

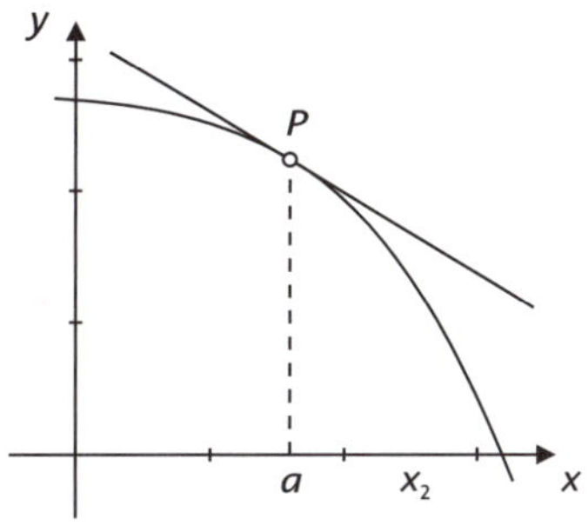

Der Graph ist (streng) monoton fallend; d. h.:
Der Anstieg ist an der Stelle a negativ: $f'(a) < 0$.

Die 1. Ableitung gibt Aufschluss über die Monotonie:
Ist $f'(a) > 0$, dann ist der Graph an der Stelle $x = a$ steigend.
Ist $f'(a) < 0$, dann ist der Graph an der Stelle $x = a$ fallend.

2. Krümmung

Gleichgülting ob Rad- oder Autofahrer: Jeder weiß, was Rechts- und was Linkskurven sind. Bei der Krümmung von Graphen unterscheidet man ganz entsprechend Rechts- und Linkskurven. Und auch zur Untersuchung der Krümmung erweist sich die Ableitung als überaus nützlich.

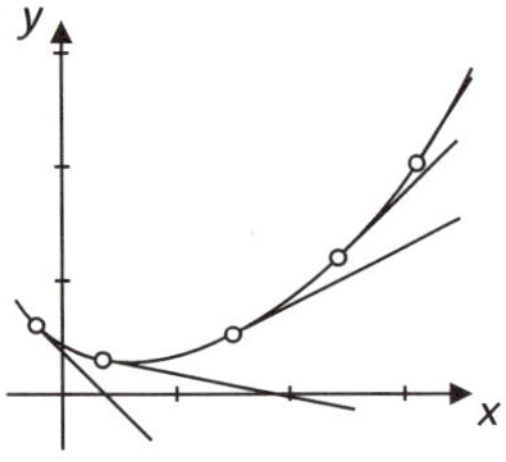

Der Graph ist linksgekrümmt.
Die Ableitung wird größer und größer; f' ist monoton wachsend.
Deshalb ist die Ableitung von f' positiv, d. h. $f''(x) > 0$.

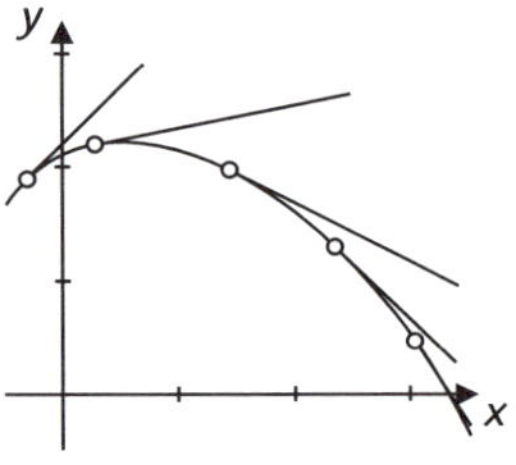

Der Graph ist rechtsgekrümmt.
Die Ableitung wird kleiner und kleiner; f' ist monoton fallend.
Deshalb ist die Ableitung von f' negativ, d. h. $f''(x) < 0$.

Die 2. Ableitung gibt Aufschluss über die Art der Krümmung.
Ist $f''(a) > 0$, dann ist der Graph bei $x = a$ linksgekrümmt.
Ist $f''(a) < 0$, dann ist der Graph bei $x = a$ rechtsgekrümmt.

3. Extrema

Extrema sind Maxima oder Minima. Ist $x = m$ eine Maximumstelle, dann ist der Funktionswert $f(m)$ an dieser Stelle größer, ist hingegen $x = m$ eine Minimumstelle, dann ist $f(m)$ kleiner als die Funktionswerte in der unmittelbaren Umgebung dieser Stelle.
Extrema sind für Graphen sehr markante Stellen. Sie lassen sich ebenfalls mithilfe von Ableitungen rechnerisch erfassen.

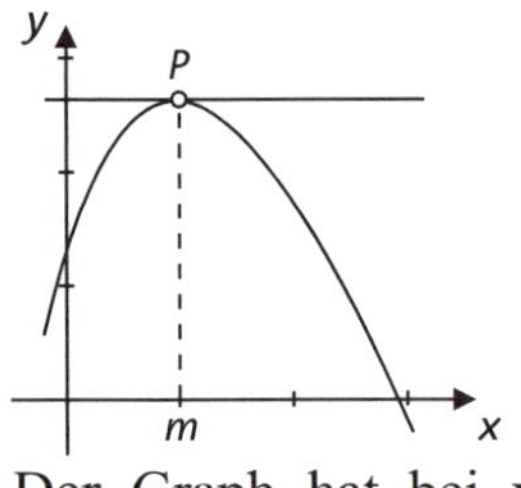

Der Graph hat bei $x = m$ ein Maximum.
In $x = m$ ist der Anstieg des Graphen 0, außerdem ist er dort rechtsgekrümmt; d. h. $f'(m) = 0$ und $f''(m) < 0$.

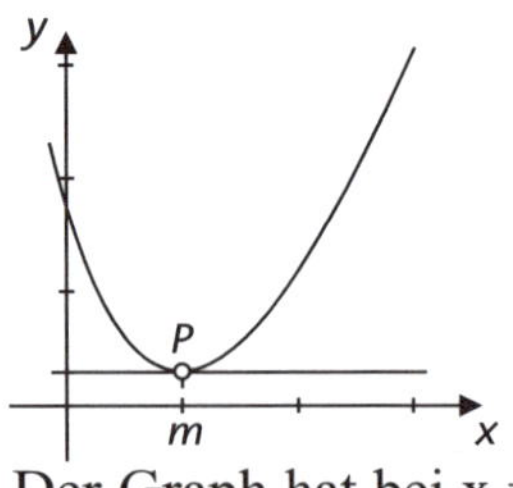

Der Graph hat bei $x = m$ ein Minimum.
In $x = m$ ist der Anstieg des Graphen 0, außerdem ist er dort linksgekrümmt; d. h. $f'(m) = 0$ und $f''(m) > 0$.

Die 1. und die 2. Ableitung geben Aufschluss über Extrema.
Ist $f'(m) = 0$ und $f''(m) < 0$, dann hat der Graph bei $x = m$ ein Maximum.
Ist $f'(m) = 0$ und $f''(m) > 0$, dann hat der Graph bei $x = m$ ein Minimum.

4. Wendepunkte

Wendepunkte sind jene Punkte, bei denen der Graph sein Krümmungsverhalten ändert und von einer Rechts- in eine Linkskurve übergeht oder umgekehrt. Es liegt auf der Hand, dass Wendepunkte in sehr engem Zusammenhang mit der 2. Ableitung stehen.

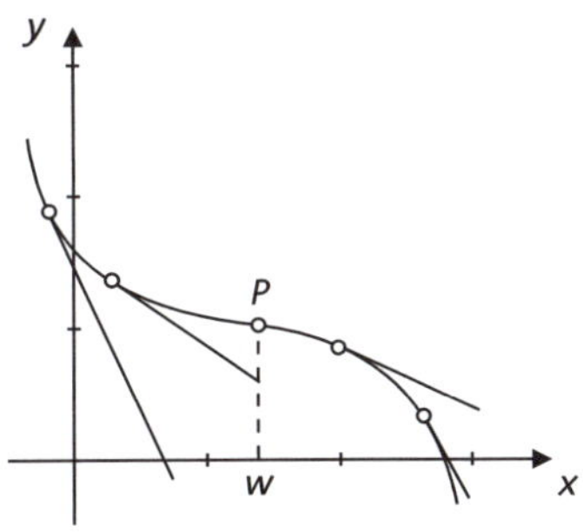

Der Graph hat bei $x = w$ einen Wendepunkt.
Er geht in $x = w$ von einer Links- in eine Rechtskurve über. Das bedeutet:

1. $f''(w) = 0$, denn f'' wechselt hier sein Vorzeichen.
2. Vor dieser Stelle war f'' positiv, danach ist f'' negativ. f'' ist in $x = w$ fallend, d. h. $f'''(m) < 0$.

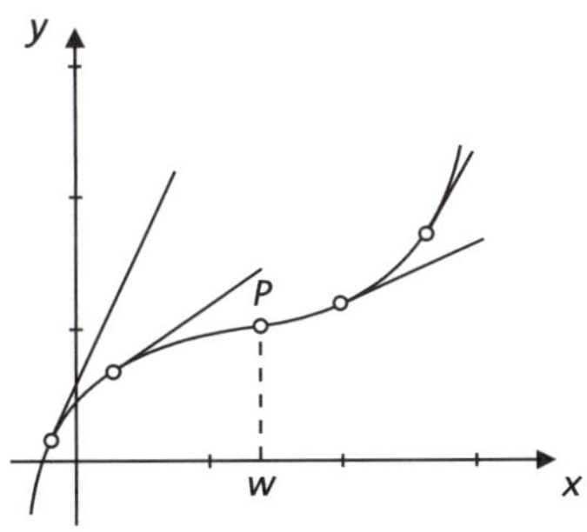

Der Graph hat bei $x = w$ einen Wendepunkt.
Er geht in $x = w$ von einer Rechts- in eine Linkskurve über. Das bedeutet:

1. $f''(w) = 0$, denn f'' wechselt hier sein Vorzeichen.
2. Vor dieser Stelle war f'' negativ, danach ist f'' positiv. f'' ist in $x = w$ steigend, d. h. $f'''(m) > 0$.

Die 2. und die 3. Ableitung geben Aufschluss über Wendepunkte.
Ist $f''(w) = 0$ und $f'''(m) \neq 0$, dann hat der Graph bei $x = w$ einen Wendepunkt.

5. Beispiel

Die Funktion f ist gegeben durch $f(x) = \frac{1}{9}x^4 - 2x^2 + 5,\ x \in \mathbb{R}$.

a) Wo hat der Graph Extrema?
b) Wo ist der Graph rechts-, wo linksgekrümmt?
c) Wo hat der Graph Wendestellen?
d) Skizzieren Sie den Graphen.

Zuerst die Ableitungen: $f'(x) = \frac{4}{9}x^3 - 4x$, $f''(x) = \frac{4}{3}x^2 - 4$, $f'''(x) = \frac{8}{3}x$

a) **Extrema:** Sie sind dort möglich, wo $f'(x) = 0$ ist.

$$f'(x) = 0 \Leftrightarrow \frac{4}{9}x^3 - 4x = 0 \Leftrightarrow x\left(\frac{4}{9}x^2 - 4\right) = 0$$

$$\Leftrightarrow x = 0 \text{ oder } x = -3 \text{ oder } x = 3$$

Die 2. Ableitung informiert über die Krümmung und klärt die Art der Extrema.

$$f''(0) = \frac{4}{3}0^2 - 4 = -4 < 0, \text{ d. h. Maximum.}$$

$$f''(-3) = \frac{4}{3}(-3)^2 - 4 = 8 > 0, \text{ d. h. Minimum.}$$

$$f'''(3) = \frac{4}{3}3^2 - 4 = 8 > 0, \text{ d. h. Minimum.}$$

b) **Krümmung:** Man erkennt sie am Vorzeichen der 2. Ableitung.

$$f''(x) < 0 \Leftrightarrow \frac{4}{3}x^2 - 4 < 0 \Leftrightarrow x^2 < 3$$

$$\Leftrightarrow -\sqrt{3} < x < \sqrt{3} \qquad \text{Rechtskrümmung}$$

$$f''(x) > 0 \Leftrightarrow x < -\sqrt{3} \text{ oder } x > \sqrt{3} \text{ Linkskrümmung}$$

c) **Wendepunkte:** Sie sind dort möglich, wo $f''(x) = 0$ ist. Krümmungswechsel wird garantiert durch $f'''(x) \neq 0$.

$$f''(x) = 0 \Leftrightarrow x = -\sqrt{3} \text{ oder } x = \sqrt{3}$$

$$f'''(-\sqrt{3}) = \frac{8}{3}(-\sqrt{3}) \neq 0, \text{ d. h. Wendepunkt.}$$

$$f'''(\sqrt{3}) = \frac{8}{3}(\sqrt{3}) \neq 0, \text{ d. h. Wendepunkt.}$$

d) **Graph:** In einer knappen Wertetabelle werden diese besonderen Stellen festgehalten.

x	-3	$-\sqrt{3}$	0	$\sqrt{3}$	3
f(x)	-4	0	5	0	-4
	MIN	WP	MAX	WP	MIN

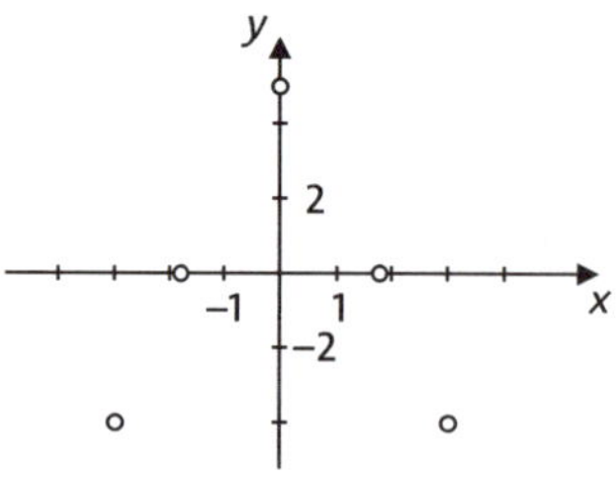

Die 5 besonderen Punkte.

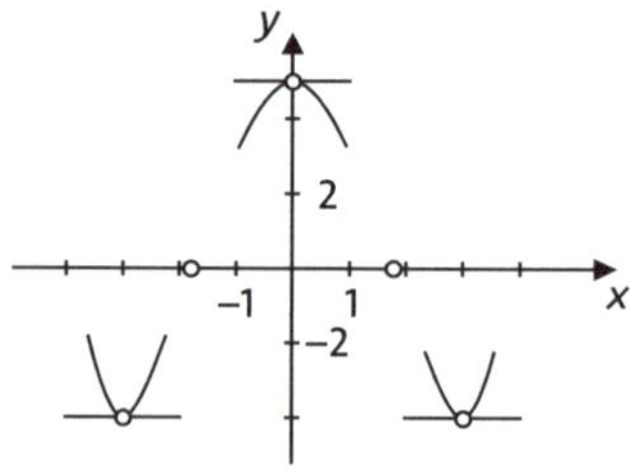

So sind Extrema bzw. Wendepunkte.

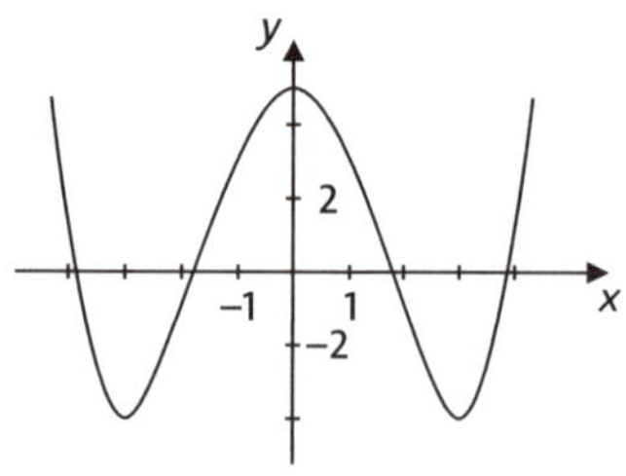

Der Graph!

6. Roter Faden

Monotonie

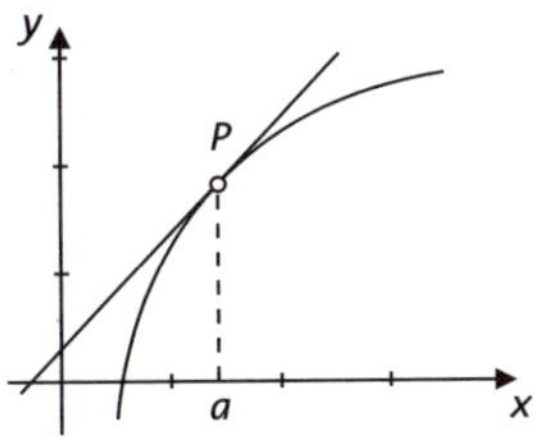

Der Graph ist bei $x = a$ monoton steigend, wenn sein Anstieg positiv ist, d. h., wenn $f'(a) > 0$.

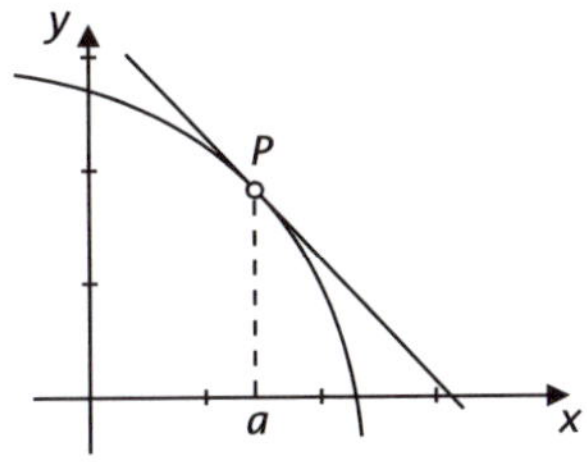

Der Graph ist bei $x = a$ monoton fallend, wenn sein Anstieg negativ ist, d. h., wenn $f'(a) < 0$.

Krümmung

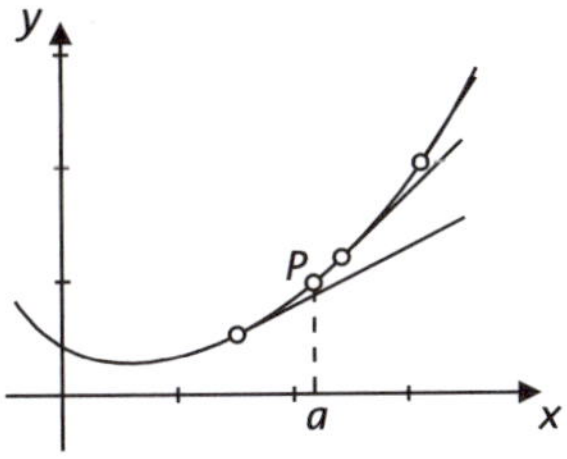

Der Graph ist bei $x = a$ linksgekrümmt, wenn sein Anstieg steigend ist, d. h., wenn $f''(a) > 0$.

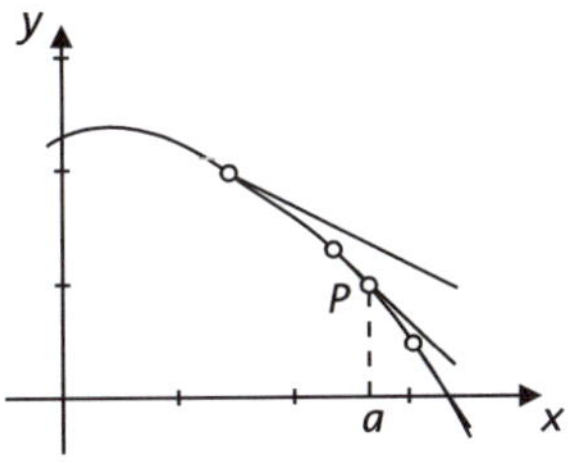

Der Graph ist bei $x = a$ rechtsgekrümmt, wenn sein Anstieg fallend ist, d. h., wenn $f''(a) < 0$.

Extrema

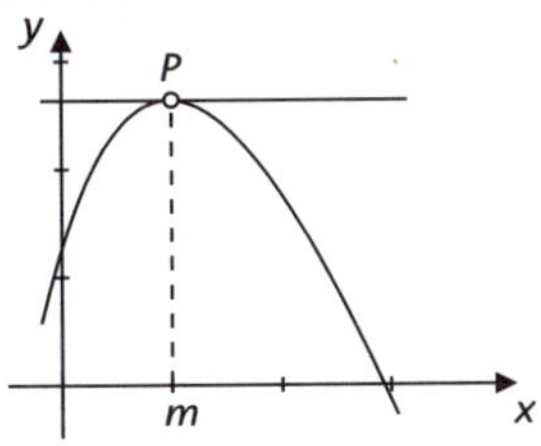

Der Graph hat bei $x = m$ ein Maximum, wenn sein Anstieg 0 ist und er rechtsgekrümmt ist, d. h., wenn $f'(m) = 0$ und $f''(m) < 0$.

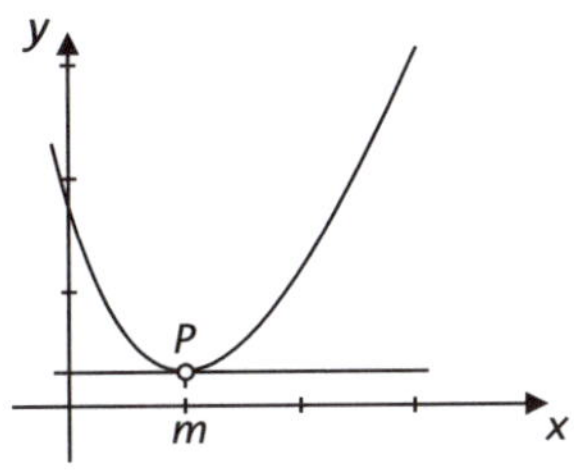

Der Graph hat bei $x = m$ ein Minimum, wenn sein Anstieg 0 ist und er linksgekrümmt ist, d. h., wenn $f'(m) = 0$ und $f''(m) > 0$.

Wendepunkte

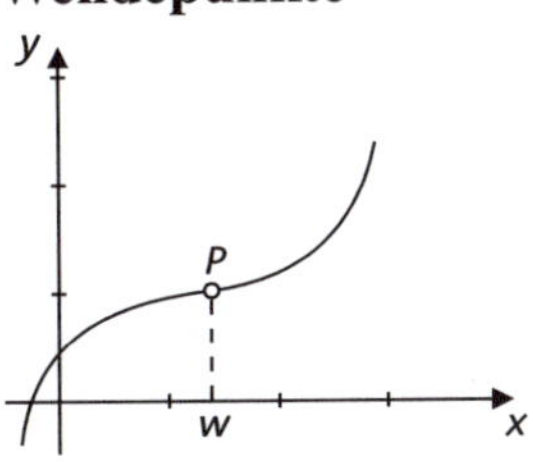

Der Graph hat bei $x = w$ einen Wendepunkt, wenn er dort sein Krümmungsverhalten ändert, d. h., wenn $f''(w) = 0$ und $f'''(w) \neq 0$.

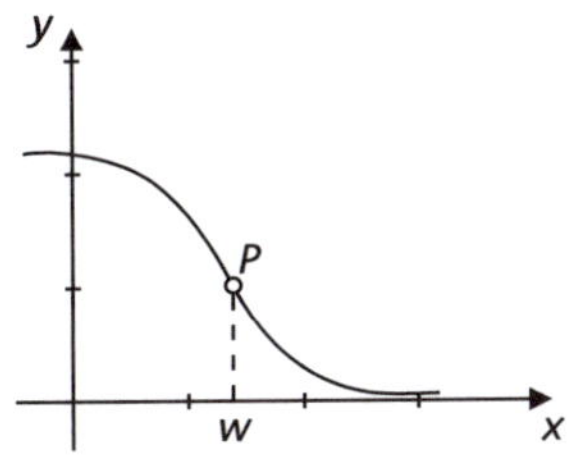

Der Graph hat bei $x = w$ einen Wendepunkt, wenn er dort sein Krümmungsverhalten ändert, d. h., wenn $f''(w) = 0$ und $f'''(w) \neq 0$.

7. Übungen

1. Welche der abgebildeten Graphen sind für alle x monoton steigend?

a)

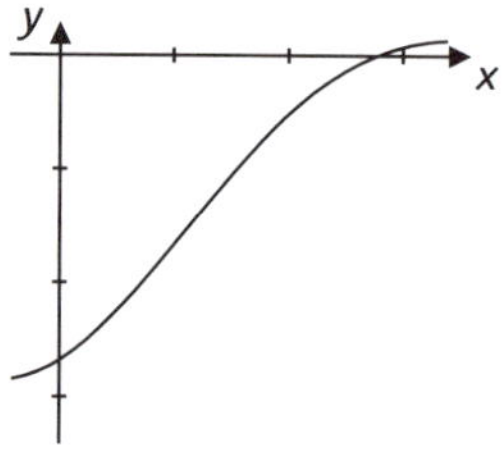

b)

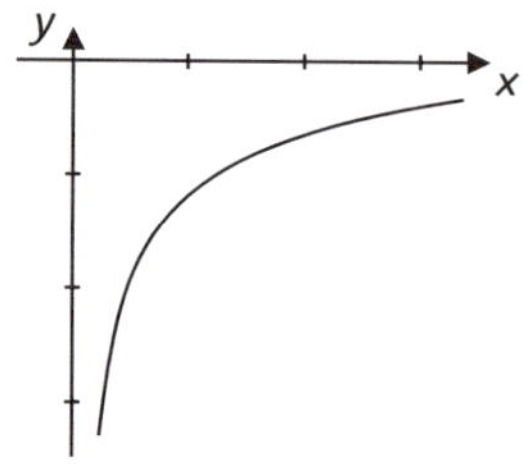

c)

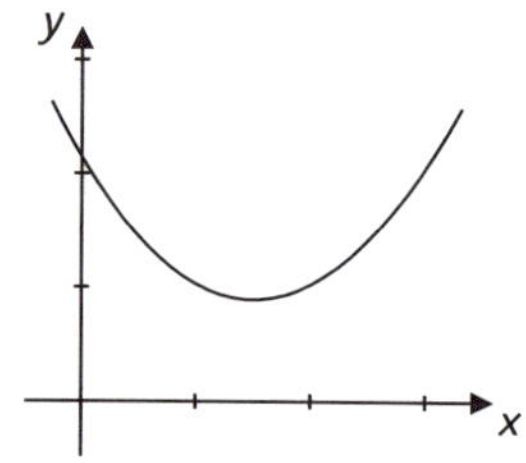

2. Bei welchen der abgebildeten Graphen ist der Anstieg überall monoton wachsend?

a)

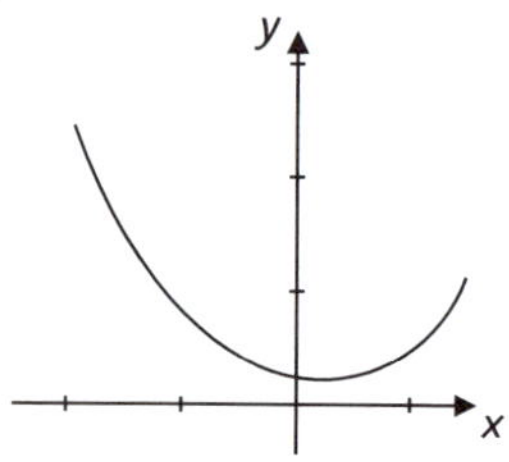

b)

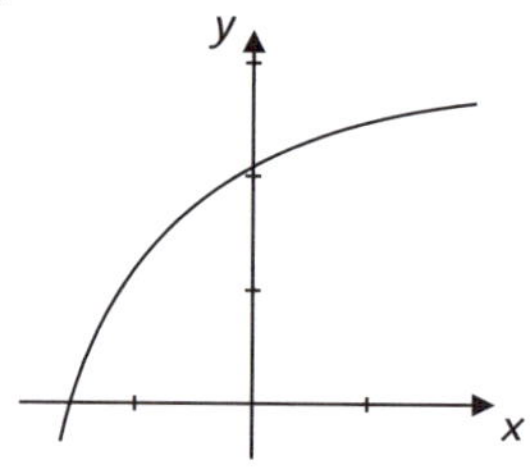

c)

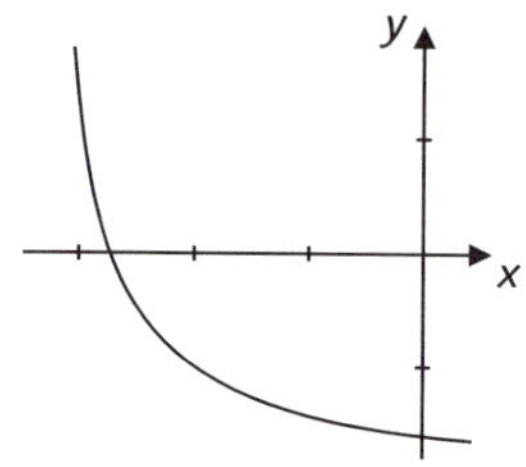

3. Bei welcher der abgebildeten Funktionen ist die Ableitung für alle x positiv?

a)

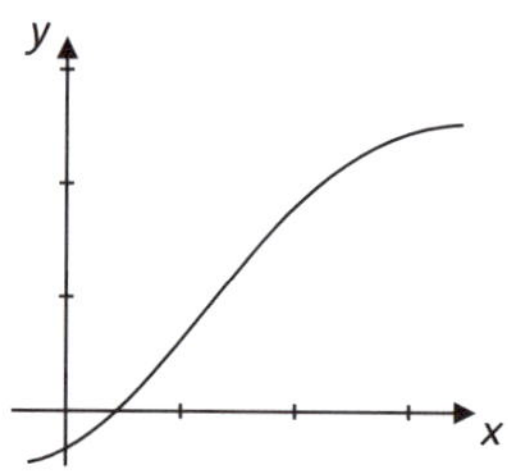

b)

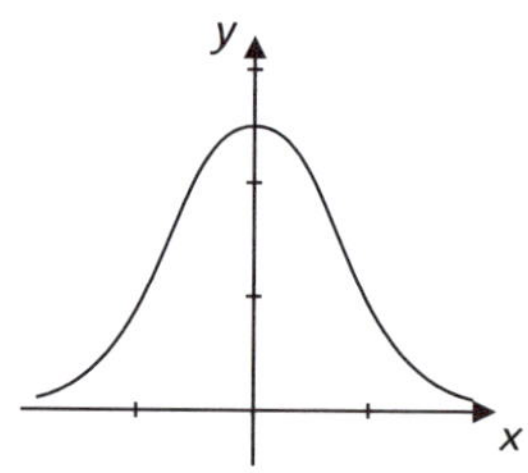

c)

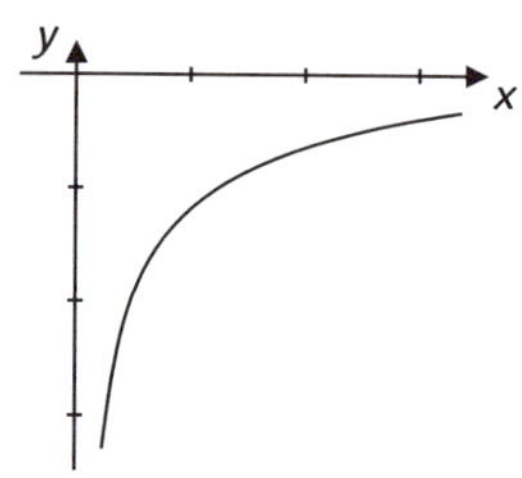

4. Vom Graphen einer Funktion f ist Folgendes bekannt: Seine Maxima sind in $H_1(-7|2)$, $H_2(0|10)$, $H_3(7|2)$, seine Minima in $T_1(-7|-6)$, $T_2(3|-6)$.
Er ist steigend bis H_1. Seine Wendepunkte sind $W_1(-9|1{,}5)$, $W_2(-2|0{,}5)$, $W_3(2|0{,}5)$, $W_4(9|1{,}5)$.
Zwischen W_1 und W_2 sowie zwischen W_3 und W_4 ist er linksgekrümmt.

a) Stellen Sie diese Eigenschaften formelmäßig dar.

b) Zeichnen Sie einen möglichst einfachen Graphen mit diesen Eigenschaften.

5. Die Funktion f ist gegeben durch $f(x) = 2x^3 - 2x^2 - 16x + 24$.

a) Berechnen Sie die Extrem- und Wendestellen.

b) Wo ist der Graph steigend, wo fallend?

c) Wo ist der Graph rechtsgekrümmt, wo linksgekrümmt?

d) Skizzieren Sie den Graphen.

10. Kurvendiskussion

1. Charakteristische Eigenschaften

Graphen können mithilfe von Wertetafeln gezeichnet werden. Dies ist freilich eine sehr primitive Methode, denn sie zielt in keiner Weise auf die Besonderheit und Individualität der jeweiligen Funktion ab und kann zu Fehldeutungen führen.
Von ganz anderer Qualität ist die Kurvendiskussion; sie will typische und charakteristische Eigenschaften von Funktionen herausschälen. In der nachfolgenden Liste sind solche Eigenschaften zusammengestellt. Im Anschluss daran wird an konkreten Beispielen die Methode der Kurvendiskussion verdeutlicht.

Eigenschaft

Was sie bedeutet:	Wie man sie feststellt:
1. Maximaler Definitionsbereich D_{max}	
Er gibt an, in welchem Bereich die Funktionsvorschrift f angewandt werden kann und schließt jene Bereiche aus, in denen sie nicht ausführbar ist.	Man untersucht den Funktionsterm f(x). Es geht um die Frage: Für welche x darf man f(x) berechnen, für welche nicht?
2. Nullstellen	
Sie geben an, an welchen Stellen die Funktion den Wert 0 annimmt, d. h. jene Stellen, an denen der Graph die x-Achse schneidet.	Es ist nicht mehr und nicht weniger als die Gleichung $f(x) = 0$ zu lösen.
3. a) Symmetrie	
Sie bedeutet, dass ein Teil des Graphen durch eine Bewegung in seinen anderen Teil überführt werden kann. Bei *Achsensymmetrie* zur y-Achse wird der Graph durch Klappen (Spiegeln) um diese Achse in sich überführt. Bei *Punktsymmetrie* zu $(0\|0)$ wird er durch Drehen um 180° um $(0\|0)$ in sich überführt.	Bei den erwähnten Symmetrien ist f(x) mit f(– x) zu vergleichen: $f(x) = f(-x)$ bedeutet Achsensymmetrie zur y-Achse. $f(x) = -f(-x)$ bedeutet Punktsymmetrie zum Nullpunkt.
3. b) Periodizität	
Sie bedeutet, dass ein Teil des Graphen sich in regelmäßigen Abständen wiederholt.	Es ist zu untersuchen, ob für alle x gilt: $f(x + p) = f(x)$. Periodizität ist eine typische Eigenschaft trigonometrischer Funktionen.
4. Asymptotisches Verhalten	
Es gibt das Verhalten des Graphen am Rand des Definitionsbereiches an, d. h. in der Nähe von nicht definierten Stellen und für sehr große $\|x\|$.	Es sind Grenzwerte von Funktionswerten zu berechnen: $\lim_{x \to a} f(x)$, wenn a Randstelle ist; $\lim_{x \to \pm\infty} f(x)$, d. h. für sehr große $\|x\|$.
5. Monotonie	
Sie gibt an, wo der Graph steigend und wo er fallend ist.	Sie lässt sich mithilfe der 1. Ableitung feststellen: bei $f'(x) > 0$ ist der Graph steigend; bei $f'(x) < 0$ ist er fallend.

6. Krümmungsverhalten	
Er gibt an, wo der Graph links- und wo er rechtsgekrümmt ist.	Es lässt sich mithilfe der 2. Ableitung feststellen: bei $f''(x) > 0$ ist der Graph links, bei $f''(x) < 0$ rechtsgekrümmt.

7. Extrema	
Sie geben an, wo der Graph vom Fallen zum Steigen übergeht bzw. umgekehrt. Sie geben also die Maxima und die Minima an.	Sie lassen sich mithilfe der 1. und 2. Ableitung feststellen: $f'(x) = 0$ und $f''(x) < 0$: Maximum. $f'(x) = 0$ und $f''(x) > 0$: Minimum.

8. Wendepunkte	
Sie geben an, wo der Graph von einer Rechtskurve in eine Linkskurve übergeht oder umgekehrt.	Sie lassen sich mithilfe der 2. und 3. Ableitung feststellen: $f''(x) = 0$ und $f'''(x) \neq 0$: Wendepunkt.

9. Kurze Wertetafel	
Es werden vor allem die besonderen Funktionswerte aufgenommen: Nullstellen, Extrema, Wendepunkte.	Sie lässt sich mithilfe des Funktionsterm bestimmen: $y = f(x)$.

2. Diskussion von Polynomfunktionen

Gegeben sei: $f\colon x \longrightarrow f(x) = \frac{1}{3}(x^4 - 8x^3 + 18x^2)$.

1. **Maximaler Definitionsbereich**
   f(x) berechnet sich durch Multiplizieren, Addieren und Dividieren durch 3. Das ist ausnahmslos für alle Zahlen möglich!
   $D_f = \mathbf{R}$

2. **Nullstellen**
   $f(x) = 0 \Rightarrow \frac{1}{3}x^2(x^2 - 8x + 18) = 0$

   $\Rightarrow x = 0 \vee x^2 - 8x + 16 = -2 \Rightarrow x = 0 \vee (x-4)^2 = -2$

   $x = 0$

3. **Symmetrie**
   Ein Beispiel zeigt es : $f(1) = \frac{11}{3}$;

   $f(-1) = 9$, d. h.: weder $f(1) = f(-1)$ noch $f(1) = -f(-1)$.
   Weder achsensymmetrisch zur y-Achse noch punktsymmetrisch zu $(0|0)$.

4. Asymptotisches Verhalten

Es ist f(x) für $x \to \infty$, $x \to -\infty$ zu untersuchen:

$$\lim_{x\to\infty} f(x) = \lim_{x\to\infty} \frac{x^4}{3}\left(1-\frac{8}{x}+\frac{18}{x^2}\right) = \infty$$

$$\lim_{x\to-\infty} f(x) = \lim_{x\to-\infty} \frac{x^4}{3}\left(1-\frac{8}{x}+\frac{18}{x^2}\right) = \infty$$

$f(x) \to \infty$ für $x \to \infty$

$f(x) \to -\infty$ für $x \to \infty$

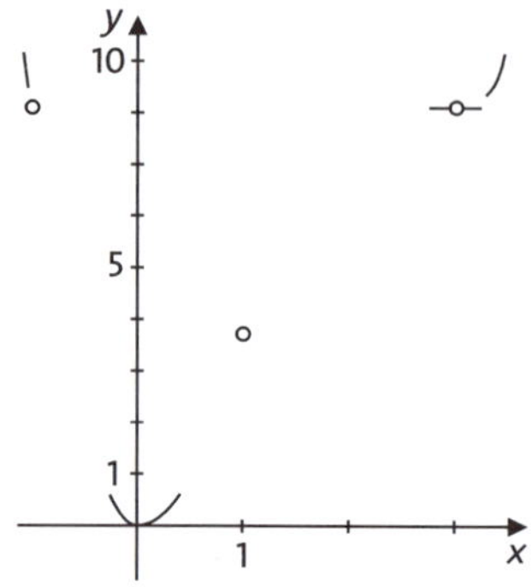

Nullstelle, Extrem- und Wendestellen, asymptotisches Verhalten

5. Extrema

Die Ableitungen: $f(x) = \frac{1}{3}(4x^3 - 24x^2 + 36x)$;

$f''(x) = \frac{1}{3}(12x^2 - 48x + 36)$; $f'''(x) = \frac{1}{3}(24x - 48)$

$f'(x) = 0 \Rightarrow \frac{4}{3}x\,(x^2 - 6x + 9) = \frac{4}{3}x\,(x-3)^2 = 0 \Rightarrow x = 0 \vee x = 3$

$f''(0) = 12 > 0 \Rightarrow$ Minimum

$f''(3) = 0 \Rightarrow$ Extremum ungewiss

$(0|f(0))$ Minimum

$(3|f(3))$ Extremum ungewiss

6. Wendepunkte

$f'(x) = 0 \Rightarrow \frac{1}{3}(12x^2 - 48x + 36) = 0$

$\Rightarrow 4\,(x^2 - 4x + 3) = 0$

$\Rightarrow x = 3 \vee x = 1$

$f'''(1) = -8 \neq 0 \Rightarrow$ Wendestelle

$f'''(3) = 8 \neq 0 \Rightarrow$ Wendestelle

$(1|f(1))$

$(3|f(3))$

7. Kurze Wertetafel

x	−1	0	1	3	5
y	9	0	$\frac{11}{3}$	9	25
		MIN	WP	WP	

Übrigens: Monotonie und Krümmung werden, wie auch hier, häufig übergangen – wenn der Verlauf des Graphen ohnehin klar ist.

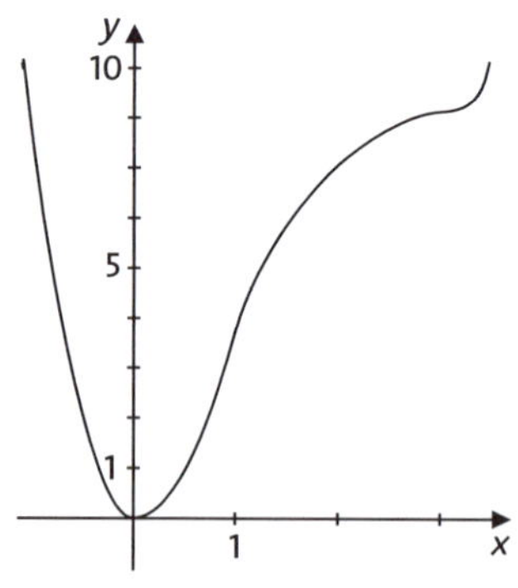

Der Graph

Gegeben sei: f: $x \to f(x) = x^3 - \frac{1}{15}x^5$.

1. Maximaler Definitionsbereich

$f(x) = x^3 - \frac{1}{15}x^5$ lässt sich ausnahmslos für jedes x berechnen.

$D_f = \mathbf{R}$

2. Nullstellen

$f(x) = 0 \Rightarrow x^3\left(1 - \frac{1}{15}x^2\right) = 0 \Rightarrow x = 0 \vee x = -\sqrt{15} \vee x = \sqrt{15}$

$x = -\sqrt{15},\ x = 0,\ x = \sqrt{15}$

3. Symmetrie

$f(-x) = (-x)^3 - \frac{1}{15}(-x)^5$

$= -x^3 + \frac{1}{15}x^5 = -f(x)$

Punktsymmetrie zu (0|0).

4. Asymptotisches Verhalten

Definitionsrand bedeutet hier $x \to \pm\infty$.

$\lim_{x\to\infty} f(x) = \lim_{x\to\infty} x^5\left(\frac{1}{x^2} + \frac{1}{15}\right) = -\infty$

$\lim_{x\to-\infty} f(x) = \lim_{x\to-\infty} x^5\left(\frac{1}{x^2} + \frac{1}{15}\right) = \infty$

Für sehr große |x| wächst |f(x)| über alle Grenzen.

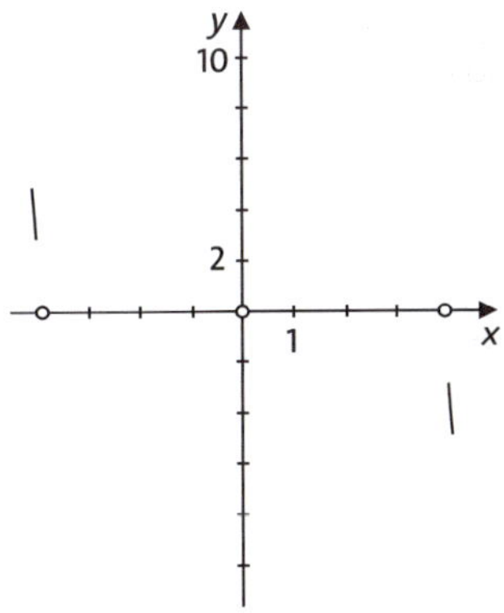

Nullstellen, asymptotisches Verhalten, Symmetrie

5. Extrema

Die Ableitungen: $f'(x) = 3x^2 - \frac{1}{3}x^4$;

$f''(x) = 6x - \frac{4}{3}x^3$; $f'''(x) = 6 - 4x^2$

$f'(x) = 0 \Rightarrow x^2\left(3 - \frac{1}{3}x^2\right) = 0$

$\Rightarrow x = 0 \vee x = 3 \vee x = -3$

$f''(0) = 0$ Extremum nicht garantiert

$f''(3) = -18 < 0 \Rightarrow$ Maximum

$f''(-3) = 18 > 0 \Rightarrow$ Minimum

$(-3|f(-3))$ Minimum

$(0|f(0))$ Extremum ungewiss

$(3|f(3))$ Maximum

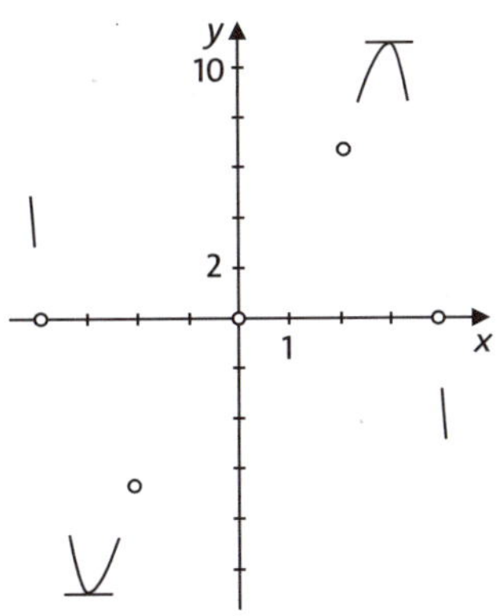

Extrema, Wendepunkte

6. Wendepunkte

$f''(x) = 0 \Rightarrow x\left(6 - \frac{4}{3}x^2\right) = 0 \Rightarrow x = 0 \vee x = \frac{3\sqrt{2}}{2} \vee x = -\frac{3\sqrt{2}}{2}$

$f'''(0) = 6 \neq 0 \;\Rightarrow$ Wendestelle

$f'''\left(\frac{3\sqrt{2}}{2}\right) = -12 \neq 0$

$\Rightarrow$ Wendestelle

$f'''\left(-\frac{3\sqrt{2}}{2}\right) = -12 \neq 0$

$\Rightarrow$ Wendestelle

$\left(-\frac{3\sqrt{2}}{2} \middle| f\left(-\frac{3\sqrt{2}}{2}\right)\right)$

$(0|f(0))$

$\left(\frac{3\sqrt{2}}{2} \middle| f\left(\frac{3\sqrt{2}}{2}\right)\right)$

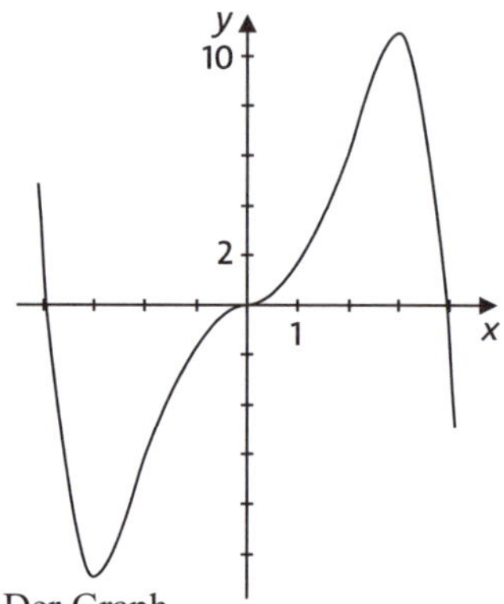

Der Graph

7. Kurze Wertetafel

x	$-\sqrt{15}$	-3	$-\frac{3\sqrt{2}}{2}$	0	$\frac{3\sqrt{2}}{2}$	3	$\sqrt{15}$
y	0	$-\frac{54}{5}$	$-\frac{189\sqrt{2}}{40}$	0	$\frac{189\sqrt{2}}{40}$	$\frac{54}{5}$	0
	NS	MIN	WP	WP	WP	MAX	NS

3. Diskussion von Bruchfunktionen

Gegeben sei: $f: x \to f(x) = \frac{x^3+16}{4x}$.

1. **Maximaler Definitionsbereich**
   Funktionswerte existieren **nicht,** wenn der Nenner 0 wird, d. h. für $x = 0$.
   $D_f = \mathbf{R} \setminus \{0\}$

2. **Nullstellen**
   $f(x) = 0 \Rightarrow x^3 + 16 = 0 \Rightarrow x = -\sqrt[3]{16} \in D_f$
   $x = -\sqrt[3]{16}$

3. **Symmetrie**
   Nicht einmal die Nullstelle liegt symmetrisch.
   Weder achsensymmetrisch zur y-Achse noch punktsymmetrisch zu (0|0).

4. Asymptotisches Verhalten

Randverhalten bedeutet hier die Untersuchung von f(x) für $x \to \pm\infty$ und $x \to 0$:

$$\lim_{x\to\infty} f(x) = \lim_{x\to\infty} = \frac{x^3+16}{4x} = \lim_{x\to\infty}\left(\frac{x^2}{4}+\frac{4}{x}\right) = \frac{x^2}{4}$$

$$\lim_{x\to-\infty} f(x) = \lim_{x\to-\infty} = \frac{x^3+16}{4x} = \lim_{x\to-\infty}\left(\frac{x^2}{4}+\frac{4}{x}\right) = \frac{x^2}{4}$$

Für $x \to \pm\infty$ ist $y = \frac{x^2}{4}$ Asymptote!

$$\lim_{x\to 0} f(x) = \lim_{x\to 0}\left(\frac{x^2}{4}+\frac{4}{x}\right) = \lim_{x\to 0}\frac{4}{x} \to \pm\infty$$

$f(x) \to \frac{x^2}{4}$ für $\to +\infty$

$f(x) \to \frac{x^2}{4}$ für $\to -\infty$

$f(x) \to +\infty$ für $x \to 0^+$

$f(x) \to -\infty$ für $x \to 0^-$

($x \to 0^+$ meint, dass x von rechts, also von der positiven Seite, gegen 0 strebt.)

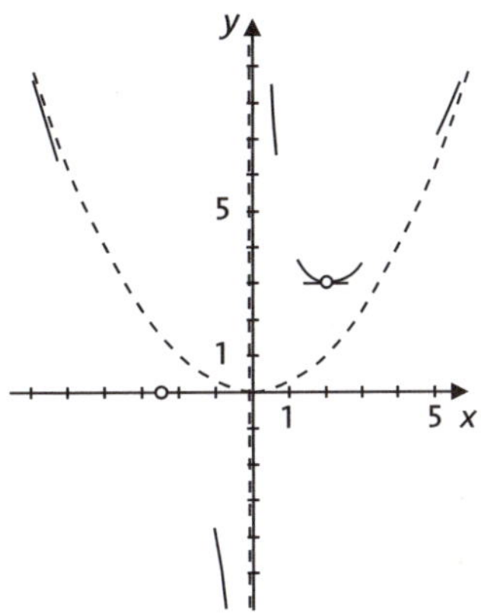

Nullstelle, Extrema, Wendepunkt, Asymptoten

5. Extrema

Wir erinnern: $f(x) = \frac{x^3+16}{4x} = \frac{x^2}{4}+\frac{4}{x}$

$f'(x) = \frac{x}{2} - \frac{4}{x^2}$; $f''(x) = \frac{1}{2} + \frac{8}{x^3}$; $f'''(x) = -\frac{24}{x^4}$;

$f'(x) = 0 \Rightarrow \frac{x}{2} - \frac{4}{x^2} = 0 \Rightarrow x = 2$

$f''(2) = \frac{3}{2} > 0 \Rightarrow$ Minimum

(2|f(2)) Minimum

6. Wendepunkte

$f''(x) = 0 \Rightarrow \frac{1}{2} + \frac{8}{x^3} = 0 \Rightarrow x = -\sqrt[3]{16}$

$f'''(-\sqrt[3]{16}) \neq 0 \Rightarrow$ Wendestelle

$(-\sqrt[3]{16} \mid f(-\sqrt[3]{16}))$

7. Kurze Wertetafel

x	−4	$-\sqrt[3]{16}$	0	2	4
y	3	0	–	3	5
		WP	nicht defin.	MIN	

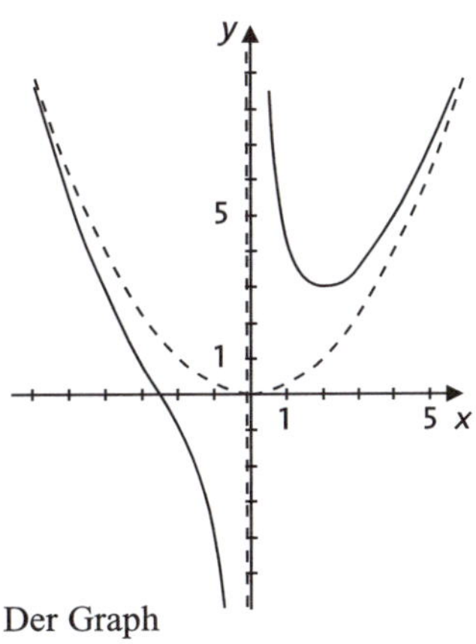

Der Graph

Gegeben sei: f: $x \to f(x) = \frac{(x-1)^2}{(x+1)^2}$.

1. Maximaler Definitionsbereich

f(x) lässt sich **nicht** berechnen, wenn $(x + 1)^2 = 0$, d. h. $x = -1$ ist.

$D_f = \mathbf{R} \setminus \{-1\}$

2. Nullstellen

$f(x) = 0 \Rightarrow (x - 1)^2 = 0 \Rightarrow x = 1$

$x = 1$

3. Symmetrie

Die Nullstellen, die Definitionslücke – sie liegen nicht symmetrisch.
Weder achsensymmetrisch zur y-Achse noch punktsymmetrisch zu (0|0).

4. Asymptotisches Verhalten

Rand bedeutet hier: $x \to \pm\infty$ und $x \to -1$.

a) $$\lim_{x\to\infty} f(x) = \lim_{x\to\infty} \frac{x^2\left(1-\frac{1}{x}\right)^2}{x^2\left(1+\frac{1}{x}\right)^2} = 1$$

b) $$\lim_{x\to-\infty} f(x) = \lim_{x\to-\infty} \frac{x^2\left(1-\frac{1}{x}\right)^2}{x^2\left(1+\frac{1}{x}\right)^2} = 1$$

c) Wir transformieren $x + 1 = h$,

$x \to -1$ bedeutet $h \to 0$:

$$\lim_{x\to-1} f(x) = \lim_{h\to 0} \frac{(-2+h)^2}{h^2}$$

$$= \lim_{h\to 0} \left(\frac{-2}{h} + 1\right)^2 = +\infty$$

Gleichgültig, ob h vom Positiven oder Negativen gegen 0 strebt.

$f(x) \to 1$ für $x \to +\infty$
$f(x) \to 1$ für $x \to -\infty$
$f(x) \to +\infty$ für $x \to -1^+$
$f(x) \to +\infty$ für $x \to -1^-$

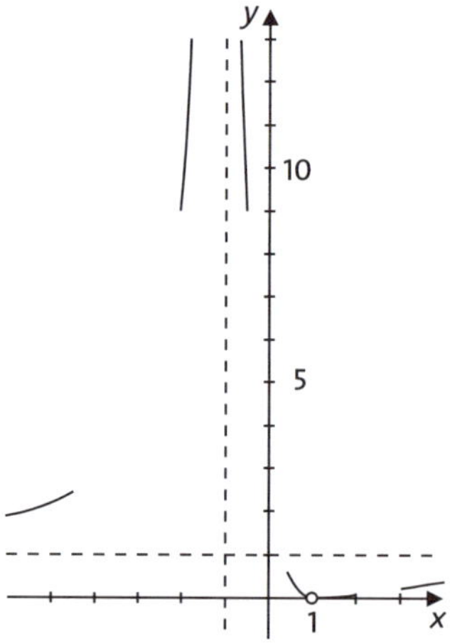

Nicht definierte Stelle, Nullstelle, asymptotisches Verhalten, Extrema, Wendepunkt

5. **Extrema**

Für die Ableitungen: Quotientenregel

$$f'(x) = \frac{4(x-1)}{(x+1)^3};\ f''(x) = \frac{8(2-x)}{(x+1)^4};\ f'''(x) = \frac{24(x-3)}{(x+1)^5}$$

$$f'(x) = 0 \Rightarrow \frac{4(x-1)}{(x+1)^3} = 0 \Rightarrow x = 1$$

$$f''(1) = \frac{8(2-1)}{(1+1)^4} = \frac{1}{2} > 0 \Rightarrow \text{Minimum}$$

(1|f(1)) Minimum

6. **Wendepunkte**

$$f''(x) = 0 \Rightarrow \frac{8(2-x)}{(x+1)^4} = 0 \Rightarrow x = 2$$

$$f'''(2) = \frac{24(2-3)}{(2+1)^5} \neq 0 \Rightarrow \text{Wendestelle}$$

(2|f(2))

7. **Kurze Wertetafel**

x	–10	–2	–1	0	1	2	10
y	$\frac{121}{81}$	9	–	1	0	$\frac{1}{9}$	$\frac{81}{121}$
			nicht defin.		MIN	WP	

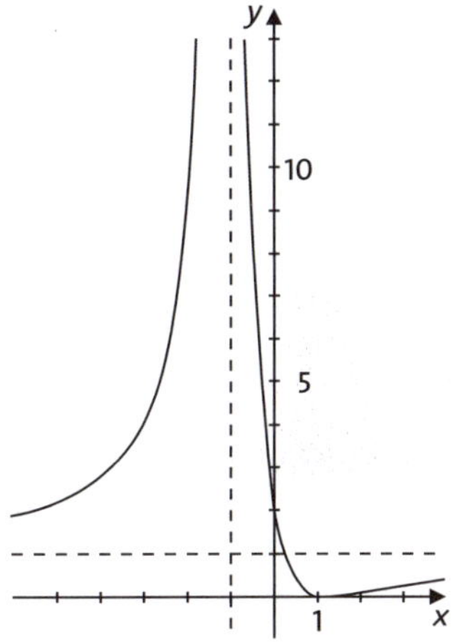

Der Graph

4. Diskussion von Wurzelfunktionen

Gegeben sei: f: x ⟶ f(x) = (x – 5) · $\sqrt{x}$.

1. **Maximaler Definitionsbereich**

$\sqrt{x}$ lässt sich nur für nicht negative x berechnen; f ist deshalb für negative x **nicht** definiert.

$D_f = [0|\infty[$

2. **Nullstellen**

$f(x) = 0 \Rightarrow (x-5)\sqrt{x} = 0 \Rightarrow x = 5 \vee x = 0$

x = 5, x = 0

3. **Symmetrie**

Die Nullstellen, der Definitionsbereich – sie liegen nicht symmetrisch.

Weder achsensymmetrisch zur y-Achse noch punktsymmetrisch zu (0|0).

4. Asymptotisches Verhalten

Hier ist nur f(x) zu untersuchen für $x \to \infty$ und $x \to 0$.

$\lim\limits_{x\to\infty} f(x) = \lim\limits_{x\to\infty} (x-5)\sqrt{x} = \infty$

$\lim\limits_{x\to 0} f(x) = \lim\limits_{x\to 0} (x-5)\sqrt{x} = 0$

$f(x) \to \infty$ für $x \to \infty$

$f(x) \to 0$ für $x \to 0$

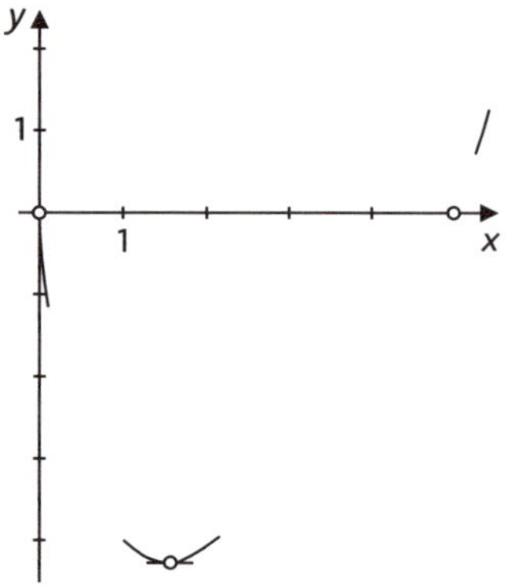

Definitionsbereich, Nullstellen, Extremum, asymptotisches Verhalten

5. Extrema

Für die Ableitungen: Produkt- und Quotientenregel!

$f'(x) = (x-5)\,\frac{1}{2\sqrt{x}} + \sqrt{x} = \frac{3x-5}{2\sqrt{x}};$

$f''(x) = \frac{3x+5}{4x\sqrt{x}};\ f'''(x) = -\frac{3(x+5)}{8x^2\sqrt{x}};$

$f'(x) = 0 \Rightarrow = \frac{3x-5}{2\sqrt{x}} = 0 \Rightarrow x = \frac{5}{3}$

$f''\left(\frac{5}{3}\right) = \frac{3}{2}\sqrt{\frac{3}{5}} > 0 \Rightarrow$ Minimum

$\left(\frac{5}{3}\middle| f\left(\frac{5}{3}\right)\right)$

6. Wendepunkte

$f''(x) = 0 \Rightarrow = \frac{3x+5}{4x\sqrt{x}} = 0$

$\Rightarrow = x - \frac{5}{3}$

Diese Lösung gehört nicht zu D_f.
Keine WP.

7. Kurze Wertetafel

x	0	$\frac{5}{3}$	5	10
y	0	$-\frac{10}{3}\sqrt{\frac{5}{3}}$	0	$5\sqrt{10}$
	NS Rand	MIN	NS	

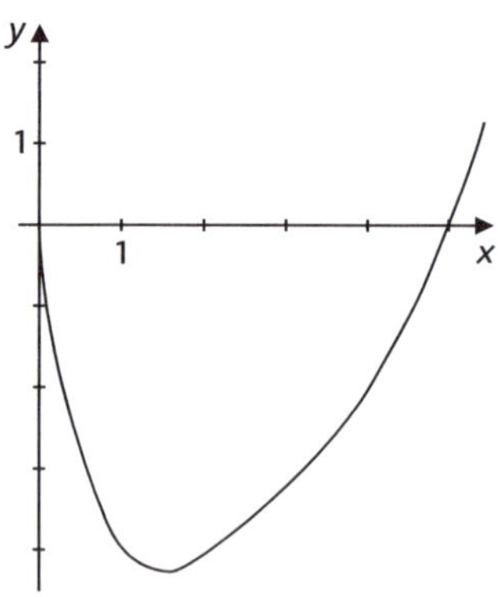

Der Graph

Gegeben sei: f: $x \rightarrow f(x) = x \cdot \sqrt{9 - x^2}$.

1. Maximaler Definitionsbereich

f(x) lässt sich nur berechnen, wenn für den Radikanden gilt: $(9 - x^2) \geq 0$.

$D_f = [-3|+3]$

2. Nullstellen

$f(x)\ 0 \Rightarrow x\sqrt{9 - x^2} = 0 \Rightarrow x = 0 \vee 9 - x^2 = 0$

$x = -3,\ x = 0,\ x = 3$

3. Symmetrie

$f(-x) = -x\sqrt{9 - (-x)^2} = -f(x)$

punktsymmetrisch zu (0|0)

4. Asymptotisches Verhalten

Es sind für $x \rightarrow 3$, $x \rightarrow -3$ zu untersuchen:

$\lim\limits_{x \to 3} x\sqrt{9 - x^2} = 0$

$\lim\limits_{x \to -3} x\sqrt{9 - x^2} = 0$

$f(x) \rightarrow 0$ für $x \rightarrow 3^-$

$f(x) \rightarrow 0$ für $x \rightarrow -3^+$

5. Extrema

Für die Ableitungen: dazu Produkt- und Kettenregel!

$f'(x) = \frac{9 - 2x^2}{\sqrt{9 - x^2}};$

$f''(x) = \frac{2x^3 - 27x}{(9 - x^2)\sqrt{9 - x^2}};\ f'''(x) = \frac{-243}{(9 - x^2)^2\sqrt{9 - x^2}}$

$f'(x) = 0 \Rightarrow 9 - 2x^2 = 0 \Rightarrow x = \frac{3}{2}\sqrt{2} \vee x = -\frac{3}{2}\sqrt{2}$

$f''\left(\frac{3}{2}\sqrt{2}\right) = -4 < 0 \Rightarrow$ Maximum

$f''\left(-\frac{3}{2}\sqrt{2}\right) = 4 > 0 \Rightarrow$ Minimum

$\left(\frac{3}{2}\sqrt{2}\middle|f\left(\frac{3}{2}\sqrt{2}\right)\right)$ Maximum

$\left(-\frac{3}{2}\sqrt{2}\middle|f\left(-\frac{3}{2}\sqrt{2}\right)\right)$ Minimum

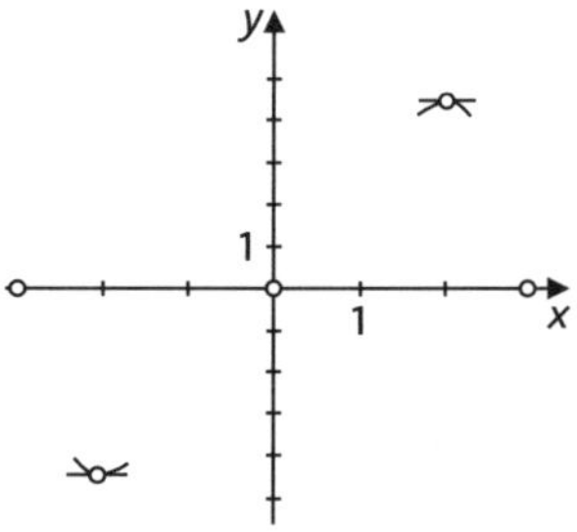

Definitionsbereich, Nullstellen, Extrema, Wendepunkt

6. Wendepunkte

$f''(x) = 0 \Rightarrow \frac{2x^3 - 27x}{(9 - x^2)\sqrt{9 - x^2}} = 0$

$\Rightarrow x = 0\left(x = \pm\sqrt{\frac{27}{2}} \notin D_f\right)$

$f'''(0) \neq 0 \Rightarrow$ Wendepunkt

(0|f(0))

7. **Kurze Wertetafel**

x	-3	$-\frac{3}{2}\sqrt{2}$	0	$-\frac{3}{2}\sqrt{2}$	3
y	0	$-\frac{9}{2}$	0	$\frac{9}{2}$	0
	NS Rand	MIN	WP NS	MAX	NS Rand

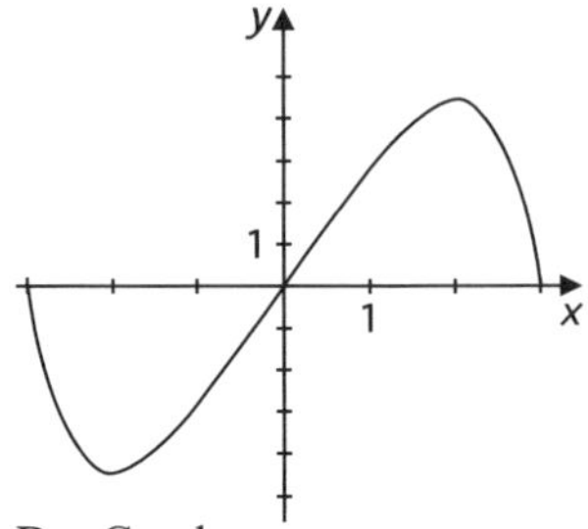

Der Graph

5. Diskussion von trigonometrischen Funktionen

Gegeben sei: f: $x \rightarrow f(x) = 3 \sin x + 4 \cos x$.

1. **Maximaler Definitionsbereich**
   Sowohl die Sinus- als auch die Kosinusfunktion ist überall definiert, also auch f!
   $D_f = \mathbf{R}$

2. **Nullstellen**
   $f(x) = 0 \Rightarrow 3 \sin x + 4 \cos x = 0$
   $\Rightarrow \tan x = -\frac{4}{3} \Rightarrow \approx -0{,}93 + n\,\pi,\ n \in \mathbf{Z}$
   (Die Nullstellen wiederholen sich nach π, weil der Tangens diese Periodenlänge hat.)
   $x \approx -0{,}93 + n\,\pi,\ n \in \mathbf{Z}$

3. **Periodizität**
   Die Nullstellen zeigen: Die Funktionswerte wiederholen sich nach π bzw. nach Vielfachen von π.
   Es ist $f(x + \pi) = -f(x)$, also $f(x + \pi) \neq f(x)$; dagegen ist $f(x + 2\pi) = f(x)$!
   Periodisch, Periodenlänge 2π

4. **Asymptotisches Verhalten**
   Eine eigene Untersuchung ist unnötig, denn kennt man f in einem Intervall der Länge 2π, dann kennt man ganz f!

5. **Extrema**
   Die Ableitungen:
   $f'(x) = 3 \cos x - 4 \sin x$; $f''(x) = -3 \sin x - 4 \cos x$;
   $f'''(x) = -3 \cos x + 4 \sin x$
   $f'(x) = 0 \Rightarrow 3 \cos x - 4 \sin x = 0 \Rightarrow \tan x = \frac{3}{4}$
   $\Rightarrow x \approx -0{,}64 + n\,\pi,\ n \in \mathbf{Z}$
   $f''(0{,}64) \approx -5 < 0 \Rightarrow$ Maximum
   $f''(0{,}64 + \pi) \approx 5 > 0 \Rightarrow$ Minimum
   $0{,}64 + 2n\,\pi$ Maxima; $3{,}78 + 2n\,\pi$ Minima

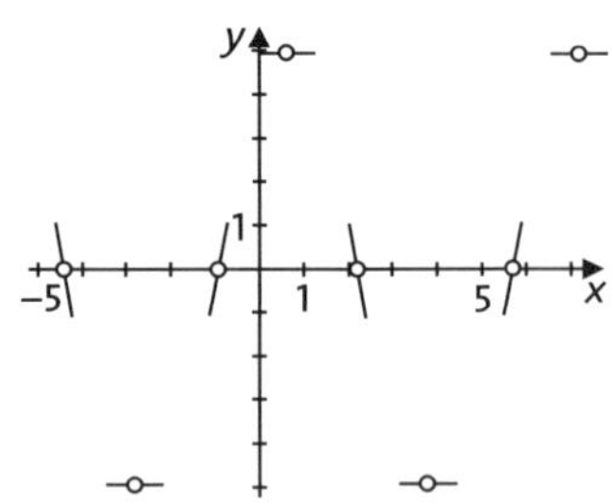

Nullstellen, Extrema, Wendepunkte mit Steigung

6. **Wendepunkte**
$f''(x) = 0 \Rightarrow -3 \sin x - 4 \cos x = 0 \Rightarrow \tan x = -\frac{4}{3} \Rightarrow x \approx -0{,}93 + n\,\pi,\ n \in Z$
$f'''(-0{,}93) \neq 0 \quad \Rightarrow$ Wendepunkt
$f'''(-0{,}93 + \pi) \neq 0 \Rightarrow$ Wendepunkt
$-0{,}93 + n\,\pi$

7. **Kurze Wertetafel**

x	−0,93	0,64	2,23	3,78	−0,93 + 2π
y	0	5	0	−5	0
	NS/WP	MAX	NS/WP	MIN	NS/WP

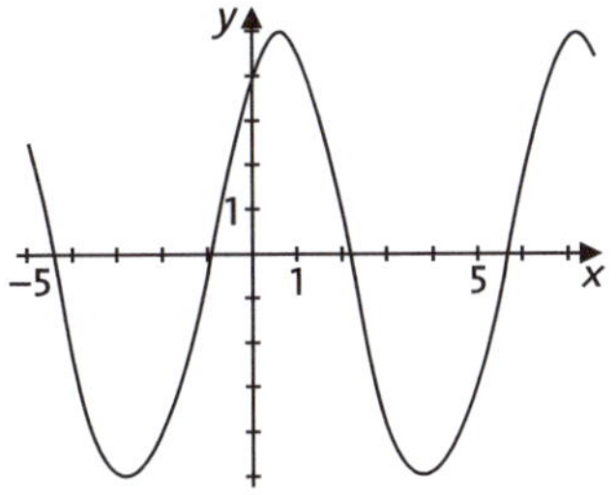

Der Graph

Gegeben sei: $f\colon x \to f(x) = \sin^2 x + \frac{1}{2}\cos x$.

1. **Maximaler Definitionsbereich**
Sowohl die Sinus- als auch die Kosinusfunktion ist überall definiert, also auch f!
$D_f = \mathbf{R}$

2. **Nullstellen**
$f(x) = 0 \Rightarrow \sin^2 x + \frac{1}{2}\cos x = 0$; wegen $\sin^2 x + \cos^2 x = 1$:
$\Rightarrow \cos^2 x - \frac{1}{2}\cos x - 1 = 0 \Rightarrow \cos x = \frac{1-\sqrt{17}}{4}$
$\left(\cos x = \frac{1+\sqrt{17}}{4} > 1 \text{ und deshalb nicht möglich}\right)$
$\Rightarrow x \approx 2{,}47 + 2n\,\pi \vee x \approx 3{,}82 + 2n\,\pi,\ n \in \mathbf{Z}$
$x \approx 2{,}47 + 2n\,\pi,\ n \in \mathbf{Z}$
$x \approx 3{,}82 + 2n\,\pi,\ n \in \mathbf{Z}$

3. **Periodizität**
Sie ist an den Nullstellen erkennbar; und es ist tatsächlich $f(x + 2\,\pi) = f(x)$.
Periodisch, Periodenlänge $2\,\pi$

4. **Asymptotisches Verhalten**
Diese Untersuchung erübrigt sich wegen der Periodizität. Wer f in einem 2π-Intervall kennt, kennt ganz f!

5. Extrema

Die Ableitungen – Produkt- oder Kettenregel!

$f'(x) = 2 \sin x \cos x - \frac{1}{2} \sin x$; $f''(x) = 2(-\sin^2 x + \cos^2 x) - \frac{1}{2} \cos x$;

$f'''(x) = -8 \sin x \cos x + \frac{1}{2} \sin x$

$f'(x) = 0 \Rightarrow \sin x \left(2\cos x - \frac{1}{2}\right) = 0$

$\Rightarrow \sin x = 0 \vee \cos x = \frac{1}{4}$

$\Rightarrow x = n\,\pi \vee x \approx 1{,}37$

$+ 2\,n\,\pi \vee x \approx 4{,}97 + 2\,n\,\pi$

$f''(n\,\pi) = 2 - \frac{1}{2} \cos n\,\pi > 0$

$\Rightarrow$ Minima

$f''(1{,}37) \approx -2{,}30 < 0 \Rightarrow$ Maximum

$f''(4{,}97) \approx -0{,}60 \qquad \Rightarrow$ Maximum

$n\,\pi$ Minima

$1{,}37 + 2n\,\pi$ Maxima

$4{,}97 + 2n\,\pi$ Maxima

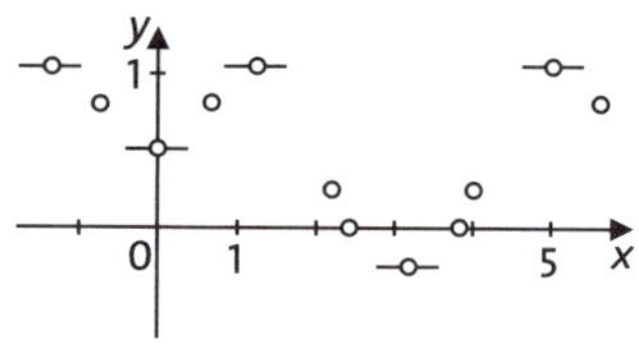

Nullstellen, Extrema,
Wendepunkte mit Steigung

6. Wendepunkte

$f'(x) = 0 \Rightarrow (-2 \sin^2 x + \cos^2 x) - \frac{1}{2} \cos x = 0$

wegen $\sin^2 x + \cos^2 x = 1$: $\Rightarrow \cos x = \frac{1+\sqrt{129}}{16}$

$\vee \cos x = \frac{1-\sqrt{129}}{16}$

$\Rightarrow x \approx 0{,}69 \vee x \approx 5{,}60$

$\vee x \approx 2{,}28 \vee x \approx 4{,}01$

Wer ganz sicher sein will, überprüft,
ob $f'''(x) \neq 0$.

$x \approx 0{,}69 + 2n\,\pi$

$x \approx 2{,}28 + 2n\,\pi$

$x \approx 4{,}01 + 2n\,\pi$

$x \approx 5{,}60 + 2n\,\pi$

7. Kurze Wertetafel

x	0	0,69	1,32	2,28	2,47
y	0,5	0,79	1,06	0,25	0
	MIN	WP	MAX	WP	NS
x	3,14	3,82	4,01	4,97	5,60
y	−0,5	0	0,25	1,06	0,79
	MIN	NS	WP	MAX	WP

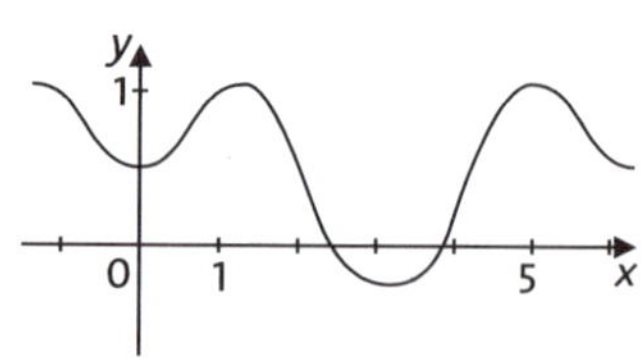

Der Graph

6. Diskussion von Exponentialfunktionen

Gegeben sei: f: $x \rightarrow f(x) = x^2 \cdot e^{-x}$.

1. **Maximaler Definitionsbereich**
   Sowohl x^2 als auch e^{-x} sind für alle x definiert, also auch f!
   $D_f = \mathbf{R}$

2. **Nullstellen**
   $f(x) = 0 \Rightarrow x^2 e^{-x} = 0 \Rightarrow x = 0$
   $x = 0$

3. **Symmetrie**
   Ein Beispiel zeigt es: $f(1) = e$; $f(-1) = \frac{1}{e}$, d. h.: Weder $f(1) = f(-1)$ noch $f(1) = -f(-1)$.
   Weder achsensymmetrisch zur y-Achse noch punktsymmetrisch zu (0|0).

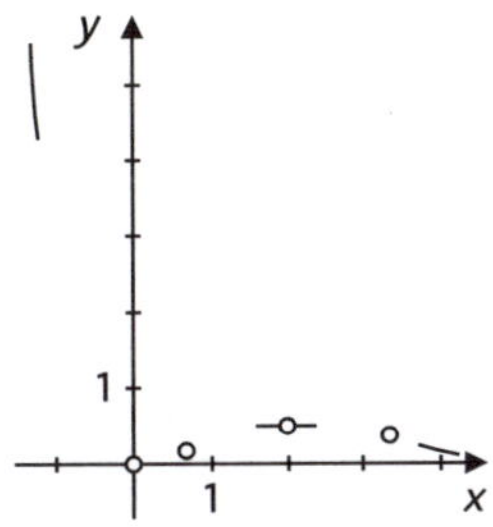

Nullstelle, asymptotisches Verhalten, Extrema, Wendepunkte

4. **Asymptotisches Verhalten**
   Es ist f(x) für $x \rightarrow \pm\infty$ zu untersuchen.
   $\lim\limits_{x \to \infty} f(x) = \lim\limits_{x \to \infty} (x^2 e^{-x}) = \lim\limits_{x \to \infty} \frac{x^2}{e^x} = 0$
   $\lim\limits_{x \to -\infty} f(x) = \lim\limits_{x \to -\infty} (x^2 e^{-x}) = \infty$
   $f(x) \rightarrow 0$ für $x \rightarrow \infty$
   $f(x) \rightarrow \infty$ für $x \rightarrow -\infty$

5. **Extrema**
   Ableitungen: mit der Produktregel!
   $f'(x) = -x^2 e^{-x} + 2x e^{-x} = (2x - x^2)\, e^{-x}$;
   $f''(x) = (2 - 4x + x^2)\, e^{-x}$; $f'''(x) = (-6 + 6x - x^2)\, e^{-x}$;
   $f'(x) = 0 \Rightarrow (2x - x^2)\, e^{-x} = 0 \Rightarrow x = 0 \vee x = 2$
   $f''(0) = (2 - 4 \cdot 0 + 0^2)\, e^{-0} = 2 > 0 \Rightarrow$ Minimum
   $f''(2) = -2e^{-2} < 0 \Rightarrow$ Maximum
   (0|f(0)) Minimum
   (2|f(2)) Maximum

6. **Wendepunkte**
   $f''(x) = 0 \Rightarrow (2 - 4x + x^2)\, e^{-x}$
   $\Rightarrow 2 - 4x + x^2 = 0 \Rightarrow x = 2 + \sqrt{2} \vee x = 2 - \sqrt{2}$
   $f'''(2 + \sqrt{2}) \neq 0$
   $f'''(2 - \sqrt{2}) \neq 0$
   $(2 + \sqrt{2} \,|\, f(2 + \sqrt{2}))$
   $(2 - \sqrt{2} \,|\, f(2 - \sqrt{2}))$

7. Kurze Wertetafel

x	–1	0	$2-\sqrt{2}$	2	$2+\sqrt{2}$	10
y	e	0	$\frac{6-4\sqrt{2}}{e^{2-\sqrt{2}}}$	$\frac{4}{e^2}$	$\frac{6+4\sqrt{2}}{e^{2+\sqrt{2}}}$	$\frac{100}{e^{10}}$
		MIN	WP	MAX	WP	

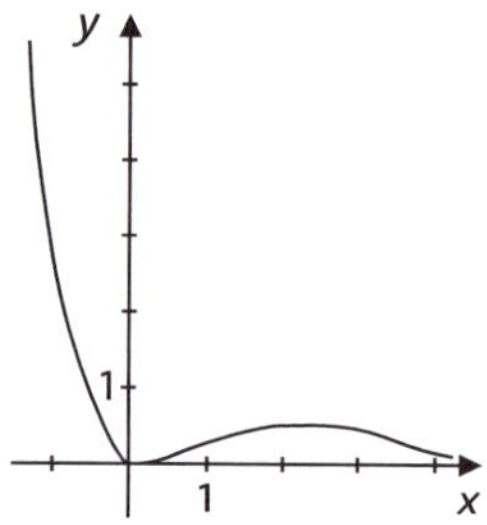

Der Graph

Gegeben sei: f: $x \to f(x) = e^{-x^2}$.

1. Maximaler Definitionsbereich

Die e-Funktion ist für alle reellen Zahlen definiert, also auch f!

$D_f = \mathbf{R}$

2. Nullstellen

$f(x)\ 0 \Rightarrow e^{-x^2} = \frac{1}{e^{x^2}} = 0$; keine Lösungen

keine

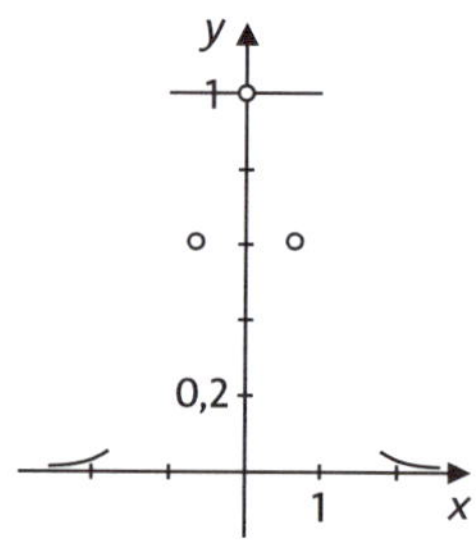

Extremum, Wendepunkte, asymptotisches Verhalten

3. Symmetrie

$f(-x) = e^{-(-x)^2} = e^{-x^2} = f(x)$

achsensymmetrisch zur y-Achse

4. Asymptotisches Verhalten

Es ist f(x) für $x \to \pm\infty$ zu untersuchen.

$\lim_{x\to\infty} f(x) = \lim_{x\to\infty} e^{-x^2} = \lim_{x\to\infty} \frac{1}{e^{x^2}} = 0$

Die Achsensymmetrie verrät, dass $\lim_{x\to-\infty} f(x)$ auch null ergeben muss.

$f(x) \to 0$ für $x \to \infty$

$f(x) \to 0$ für $x \to -\infty$

5. Extrema

Für die Ableitungen: Kettenregel!

$f'(x) = (e^{-x^2})' = -2xe^{-x^2}$; $f''(x) = (4x^2-2)e^{-x^2}$; $f'''(x) = (-8x^3+12x)e^{-x^2}$

$f'(x) = -2xe^{-x^2} = 0 \Rightarrow x = 0$

$f''(0) = -2 \Rightarrow$ Maximum

$(0|f(0))$ Maximum

6. Wendepunkte

$f''(x) = 0 \Rightarrow (4x^2-2)\,e^{-x^2} = 0 \Rightarrow x = \frac{\sqrt{2}}{2} \vee x = -\frac{\sqrt{2}}{2}$

$\left(\frac{\sqrt{2}}{2}\middle|f\left(\frac{\sqrt{2}}{2}\right)\right)$

$\left(-\frac{\sqrt{2}}{2}\middle|f\left(-\frac{\sqrt{2}}{2}\right)\right)$

7. **Kurze Wertetafel**

x	-10	$-\frac{\sqrt{2}}{2}$	0	$\frac{\sqrt{2}}{2}$	10
y	e^{-100}	$\frac{1}{\sqrt{e}}$	1	$\frac{1}{\sqrt{e}}$	e^{-100}
		WP	MAX	WP	

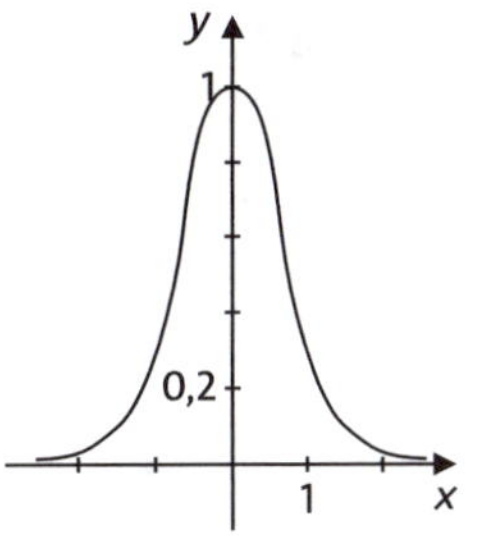

Der Graph

7. Diskussion von Logarithmusfunktionen

Gegeben sei: f: $x \longrightarrow f(x) = x^2 \cdot \ln x$.

1. **Maximaler Definitionsbereich**
   Logarithmen sind nur für positive Argumente definiert.
   $D_f =]0|\infty[$

2. **Nullstellen**
   $f(x) = 0 \Rightarrow x^2 \ln x = 0 \Rightarrow x^2 = 0 \vee \ln x = 0$
   $\Rightarrow x = 1$ (denn $x = 0 \notin D_f$)
   $x = 1$

3. **Symmetrie**
   Die Nullstelle, der Definitionsbereich – sie liegen nicht symmetrisch.
   Weder achsensymmetrisch zur y-Achse noch punktsymmetrisch zu (0|0).

4. **Asymptotisches Verhalten**
   Zu untersuchen ist f(x) für $x \longrightarrow 0$ und $x \longrightarrow \infty$.
   $\lim_{x \to \infty} f(x) = \lim_{x \to \infty} x^2 \ln x = \infty$
   $\lim_{x \to 0} f(x) = \lim_{x \to 0} x^2 \ln x = 0$
   $f(x) \longrightarrow \infty$ für $x \longrightarrow \infty$
   $f(x) \longrightarrow 0$ für $x \longrightarrow 0^+$

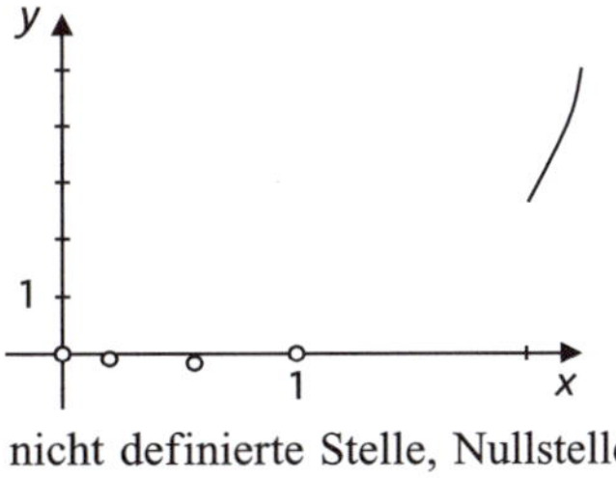

nicht definierte Stelle, Nullstelle, Extremum, Wendepunkt, asymptotisches Verhalten

5. **Extrema**
   Für die Ableitungen: Produktregel!
   $f'(x) = (x^2 \ln x)' = x + 2x \ln x$;
   $f''(x) = 3 + 2 \ln x$; $f'''(x) = \frac{2}{x}$
   $f'(x) = 0 \Rightarrow x(1 + 2 \ln x) = 0 \Rightarrow \ln x = -\frac{1}{2} \Rightarrow x = \frac{1}{\sqrt{e}}$
   $f''\left(\frac{1}{\sqrt{e}}\right) = 2 \Rightarrow$ Minimum
   $\left(\frac{1}{\sqrt{e}} \middle| f\left(\frac{1}{\sqrt{e}}\right)\right)$ Minimum

6. **Wendepunkt**

$f''(x) = 0 \Rightarrow 3 + 2 \ln x = 0$

$\Rightarrow \ln x = -\frac{3}{2} \Rightarrow x = \frac{1}{\sqrt{e^3}}$; $f'''\left(\frac{1}{\sqrt{e^3}}\right) \neq 0 \Rightarrow$ Wendepunkt

$\left(\frac{1}{\sqrt{e^3}} \middle| f\left(\frac{1}{\sqrt{e^3}}\right)\right)$

7. **Kurze Wertetafel**

x	0	$\frac{1}{\sqrt{e^3}}$	$\frac{1}{\sqrt{e}}$	1	e
y	–	$-\frac{3}{2e^3}$	$-\frac{1}{2e}$	0	e^2
	Rand	WP	MIN	NS	

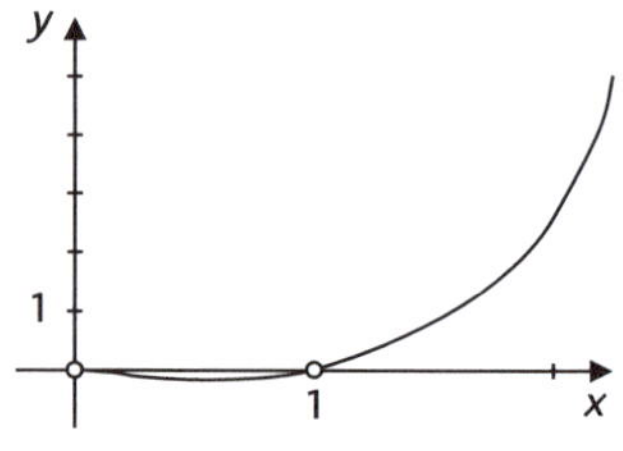

Der Graph

Gegeben sei: f: $x \rightarrow f(x) = \frac{\ln^2 x}{x}$.

1. **Maximaler Definitionsbereich**

Logarithmen sind nur für nicht negative Zahlen definiert.

$D_f =]0|\infty[$

2. **Nullstellen**

$f(x) = 0 \Rightarrow \frac{\ln^2 x}{x} = 0 \Rightarrow \ln x = 0 \Rightarrow x = 1$

$x = 1$

3. **Symmetrie**

Die Nullstellen, der Definitionsbereich – sie liegen nicht symmetrisch.
Weder achsensymmetrisch zur y-Achse noch punktsymmetrisch zu (0|0).

4. **Asymptotisches Verhalten**

Zu untersuchen ist f(x) für $x \rightarrow 0$ und $x \rightarrow \infty$.

$\lim\limits_{x \to 0} f(x) = \lim\limits_{x \to 0} \frac{\ln^2 x}{x} = \infty$

$\lim\limits_{x \to \infty} f(x) = \lim\limits_{x \to \infty} \frac{\ln^2 x}{x} = 0$

$f(x) \rightarrow \infty$ für $x \rightarrow 0^+$

$f(x) \rightarrow 0$ für $x \rightarrow \infty$

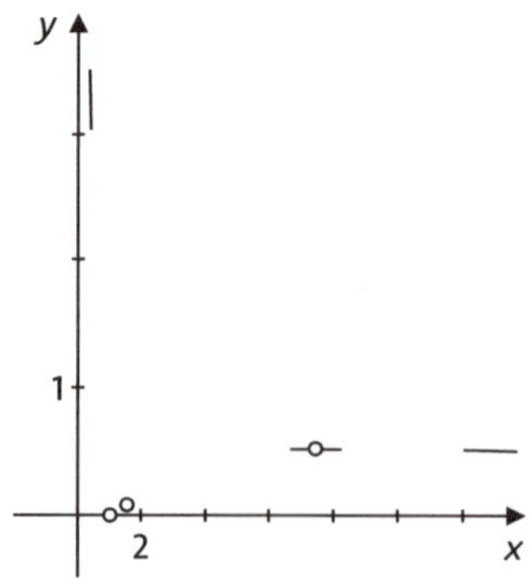

Nullstelle, Extrema, Wendestellen, asymptotisches Verhalten

5. Extrema

Die Ableitungen: Quotientenregel!

$f'(x) = \left(\frac{\ln^2 x}{x}\right)' = \frac{2\ln x - \ln^2 x}{x^2}$; $f''(x) = \frac{2 - 6\ln x + 2\ln^2 x}{x^3}$

$f'''(x) = \frac{-12 + 22\ln x - 6\ln^2 x}{x^4}$

$f'(x) = 0 \Rightarrow \frac{2\ln x - \ln^2 x}{x^2} = 0 \Rightarrow \ln x = 0 \vee \ln x = 2 \Rightarrow x = 1 \vee x = e^2$

$f''(1) = 2 > 0 \Rightarrow$ Minimum

$f''(e^2) = \frac{-2}{e^6} < 0 \Rightarrow$ Maximum

$(1|f(1))$ Minimum

$(e^2|f(e^2))$ Maximum

6. Wendepunkte

$f'(x) = 0 \Rightarrow \frac{2 - 6\ln x + 2\ln^2 x}{x^3} = 0 \Rightarrow \ln^2 x - 3\ln x + 1 = 0;$

Mit $\ln x = z$:

$\Rightarrow z^2 - 3z + 1 = 0 \Rightarrow \ln x = \frac{1}{2}(3 + \sqrt{5}) \vee \ln x = \frac{1}{2}(3 - \sqrt{5})$

$\Rightarrow x = \sqrt{e^{3+\sqrt{5}}} + \vee x = \sqrt{e^{3-\sqrt{5}}}$

$(\sqrt{e^{3+\sqrt{5}}}\,|\,f(\sqrt{e^{3+\sqrt{5}}}))$

$(\sqrt{e^{3-\sqrt{5}}}\,|\,f(\sqrt{e^{3-\sqrt{5}}}))$

7. Kurze Wertetafel

x	0	1	$\sqrt{e^{3-\sqrt{5}}}$	e^2	$\sqrt{e^{3+\sqrt{5}}}$
y	–	0	$\frac{(3-\sqrt{5})^2}{4\sqrt{e^{3-\sqrt{5}}}}$	$\frac{4}{e^2}$	$\frac{(3+\sqrt{5})^2}{4\sqrt{e^{3+\sqrt{5}}}}$
		MIN	WP	MAX	WP

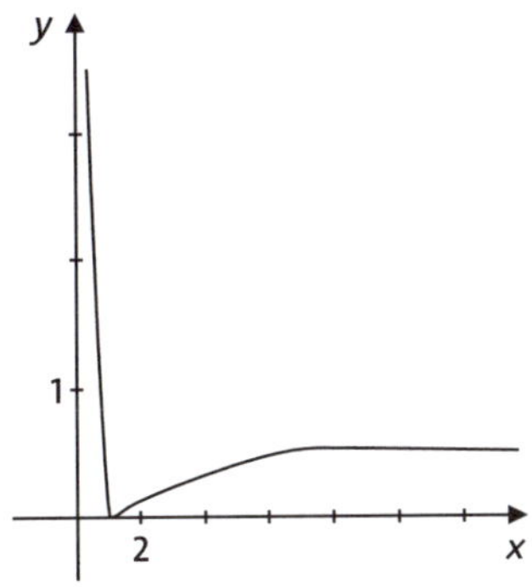

Der Graph

8. Übungen

1. Geben Sie charakteristische Eigenschaften der abgebildeten Graphen an.

a)

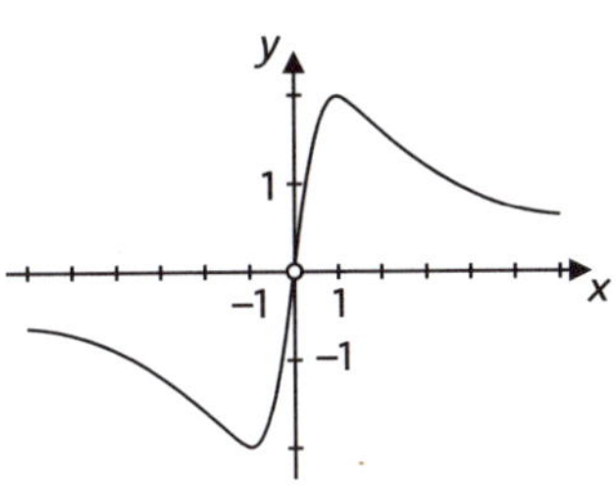

b)

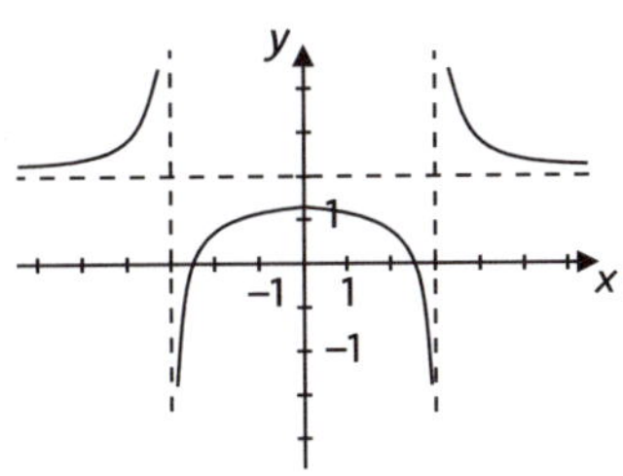

2. Welche Eigenschaften treffen auf den Graphen zu?

$D_f = \mathbf{R} \setminus \{-1\|+1\|+2\}$	
$f(1) = 0{,}5 \wedge f'(1) = 0$	
$f(0) = 0 \wedge f(1{,}5) = 0$	
$f'(-2) < 0 \wedge f(1{,}5) > 0$	
$f(3) = 2 \wedge f'(3) > 0$	
$f(-2) = 0 \wedge f''(-2) > 0$	
$f(-3) \cdot f''(-3) = 0$	
$f'(-4{,}5) < 0 \wedge f''(-4{,}5) = 0$	
$\lim\limits_{x \to \infty} \|f(x) - 1\| = 0$	
$\lim\limits_{x \to 2} \|f(x) - 2\| = 0$	

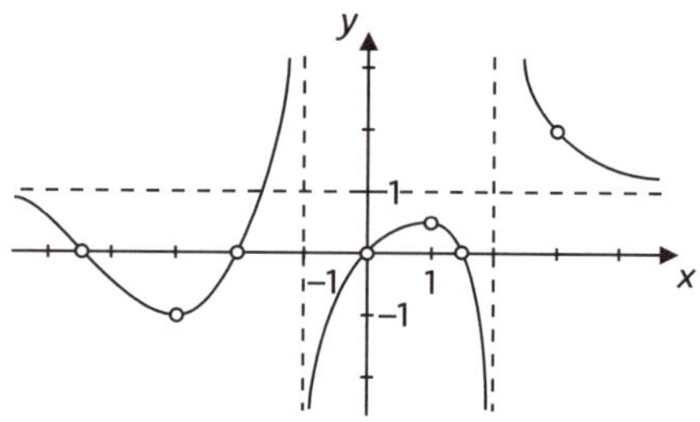

3. Erläutern Sie die Bedeutung folgender Formeln und skizzieren Sie einen Graphen mit diesen Eigenschaften.

$D_f = \mathbf{R} \setminus \{-\sqrt{3};\ \sqrt{3}\}$

$f(0) = 0 \wedge f'(0) = 0 \wedge f''(0) = 0$

$f(3) = 4 \wedge f'(3) = 0 \wedge f''(3) \neq 0$

$f(-3) = -4 \wedge f'(-3) = 0 \wedge f''(-3) \neq 0$

$\lim\limits_{x \to \sqrt{3}^+} f(x) = +\infty$; $\lim\limits_{x \to \sqrt{3}^-} f(x)\, f(x) = -\infty$; $\lim\limits_{x \to -\sqrt{3}^+} f(x) = +\infty$; $\lim\limits_{x \to -\sqrt{3}^-} f(x) = -\infty$;

$\lim\limits_{|x| \to \infty} |f(x) - x| = 0$

4. Diskutieren Sie die folgenden Funktionen und zeichnen Sie ihre Graphen.

a) $a(x) = \frac{1}{4}x^3 - 3x^2 + 9x$

b) $b(x) = \frac{1}{2}x^4 - 3x^2 + 4$

c) $c(x) = \dfrac{2x^2 - 16}{x^2 - 4}$

d) $d(x) = \dfrac{2x^2 - 16}{x^2 + 4}$

e) $e(x) = x - \sqrt{2x}$

f) $f(x) = \dfrac{3x}{\sqrt{36 - x^2}}$

g) $g(x) = \sin^2 x$

h) $h(x) = \sin 2x + 2\cos x$

i) $i(x) = x\, e^{-0{,}2x}$

j) $j(x) = (2x - x^2)e^x$

k) $k(x) = x$

11. Gesucht wird …

1. Auf der Suche – grafisch

Die Suche nach Funktionen mit bestimmten Eigenschaften gleicht der Suche nach unbekannten Tätern. Hier wie dort geht es darum, vorhandene Indizien ernsthaft zu prüfen, sie sorgsam aufzubereiten und sachgerecht fortzuentwickeln. Und hier wie dort wird man feststellen, dass sich der Fall nicht immer knacken lässt: Mal sind die bekannten Tatsachen und Indizien zu dürftig, dann kommen viele als „Täter“ in Frage; mal sind sie in sich unstimmig, dann kommt keiner als „Täter“ in Frage.
Wie also sieht eine „Funktionenfahndung“ aus? Wir behandeln dazu ein konkretes Beispiel und gehen es zunächst rein rechnerisch an. Die dabei gewonnenen Erkenntnisse sollen rechnerische Verfahren in Gang setzen.

Von einer Funktion ist Folgendes bekannt:
Ihr Graph verläuft durch den Nullpunkt, in den Punkten (2|4) und (–2|–4) hat sie waagerechte Tangenten.
Gibt es überhaupt eine Funktion mit diesen Eigenschaften?
Gibt es gar mehrere Funktion mit diesen Eigenschaften?
Zunächst werden die genannten Eigenschaften im Koordinatensystem festgehalten:

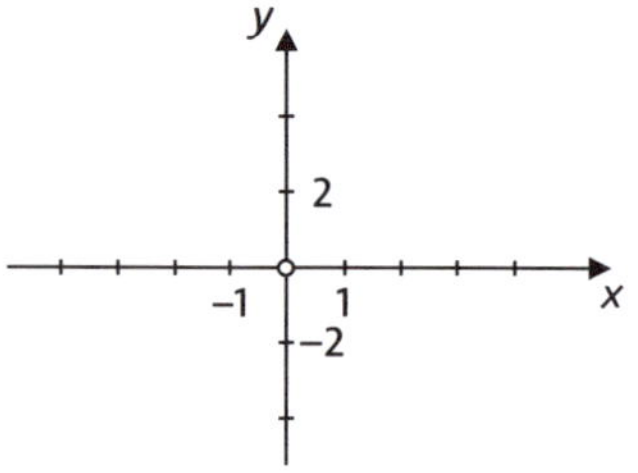

Der Graph verläuft durch (0|0).

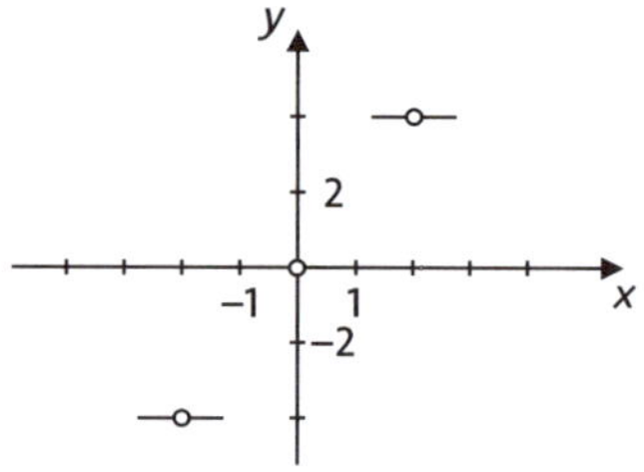

In (2|4) und (–2|–4) gibt es waagerechte Tangenten.

Zeichnerisch geht es darum, diese Splitter geeignet zu ergänzen und zu einem Ganzen zu formen. Dies kann, wenn weitere Tatsachen nicht bekannt sind, auf unterschiedliche Weise geschehen:

Zum Beispiel so:

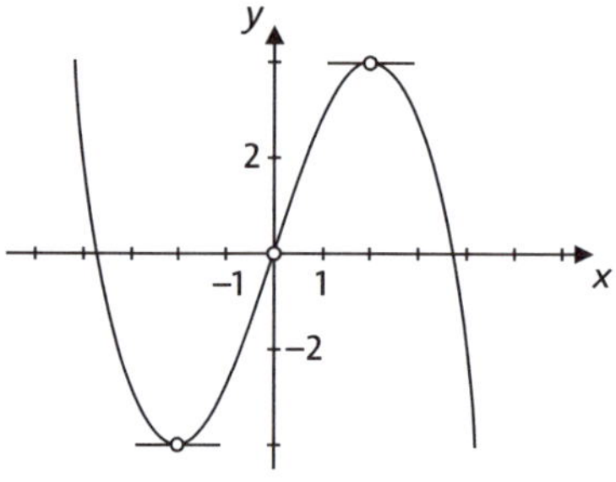

Oder so:

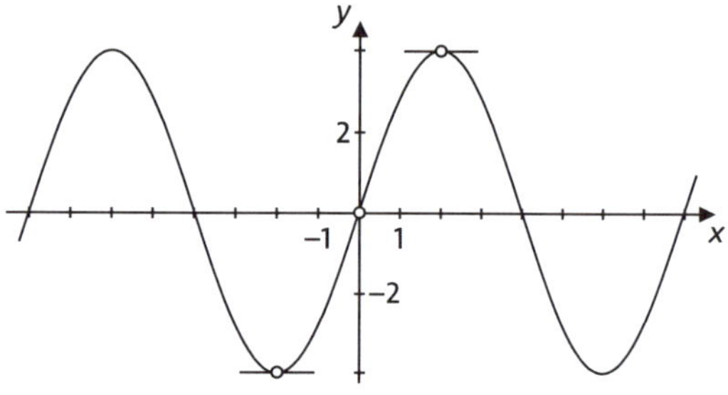

Oder so:

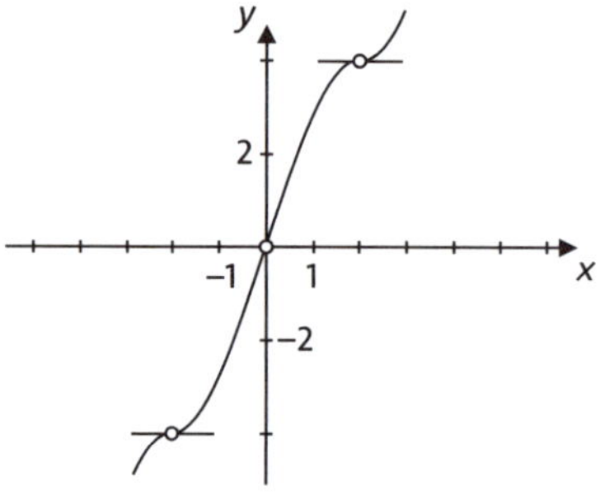

Oder auch so:

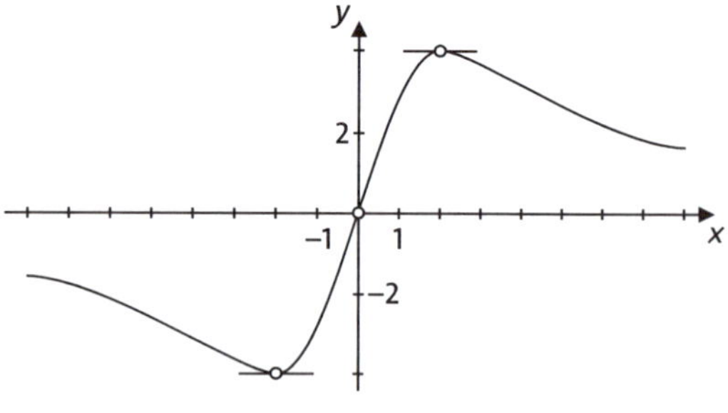

Alle diese Graphen haben die geforderten Eigenschaften; und es ist kein Problem, weitere Graphen mit eben diesen Eigenschaften zu zeichnen. Die obigen Eigenschaften sind offenbar sehr allgemein und unspezifisch. Sie kreisen den „Täter“ nicht eng genug ein.

2. Auf der Suche – rechnerisch

Die Graphen zeigten, dass die geforderten Eigenschaften nicht ausreichen, eine ganz bestimmte Funktion zu charakterisieren. Das ist keineswegs verwunderlich; denn vom Funktionstyp, dem wichtigsten Charakteristikum, ist bei der „Fahndung“ überhaupt nicht die Rede gewesen.

Wir ergänzen daher unser Beispiel durch gewisse Annahmen über den Funktionstyp; dann erst wird ein rechnerischer Ansatz möglich. Daraus entwickeln wir zusammen mit den geforderten Eigenschaften ein Raster, in dem sich die gesuchte Funktion verfängt.

Die Lösung – ein Polynom 3. Grades?

Gesucht ist eine Funktion mit folgenden Eigenschaften:

Ihr Funktionsterm ist ein Polynom 3. Grades. Ihr Graph verläuft durch den Nullpunkt, in den Punkten (2|4) und (–2|–4) hat er waagerechte Tangenten.

Der Lösungsweg lässt sich in folgende Schritte gliedern:

1. *Der Ansatz*

   Eine Polynomfunktion 3. Grades ist von der Form: $p(x) = ax^3 + bx^2 + cx + d$

   Es geht darum, die Parameter a, b, c, d zu bestimmen. Wir notieren sogleich auch die Ableitung von p: $p'(x) = 3ax^2 + 2bx + c$

2. *Die Eigenschaften*

   Die im Aufgabentext versteckten Eigenschaften sind in die Formelsprache zu übersetzen. Hier geht es um insgesamt 5 (!) Eigenschaften.

   Der Graph verläuft durch den Nullpunkt; d. h.: 1. $p(0) = 0$
   Der Graph verläuft durch (2|4) bedeutet: 2. $p(2) = 4$
   Er hat dort eine waagerechte Tangente, d. h.: 3. $p'(2) = 0$
   Entsprechendes gilt für (–2|–4). 4. $p(-2) = -4$
   5. $p'(-2) = 0$

3. *Das Gleichungssystem*

   Die Auswertung wird fortgesetzt und das zugehörige Gleichungssystem aufgestellt:

   1. $p(0) = 0$ bedeutet: 1. $a0^3 + b0^2 + c0 + d = 0$
   2. $p(2) = 4$ bedeutet: 2. $a2^3 + b2^2 + c2 + d = 4$
   3. $p'(2) = 0$ bedeutet: 3. $3a2^2 + 2b2 + c = 0$
   4. $p(-2) = -4$ bedeutet: 4. $a(-2)^3 + b(-2)^2 + c(-2) + d = -4$
   5. $p'(-2) = 0$ bedeutet: 5. $3a(-2)^2 + 2b(-2) + c = 0$

4. *Das Lösen des Gleichungssystems*

   Dabei bewähren sich vor allem zwei Methoden:

   a) Das Eliminationsverfahren: Eine Gleichung wird genutzt, um in den restlichen Gleichungen eine der Variablen zu ersetzen.

b) Das Additions- bzw. das Subtraktionsverfahren: Addition bzw. Subtraktion zweier Gleichungen führt gelegentlich auf einfachere Gleichungen – ein Vorteil für die weitere Rechnung!

Auf eines ist unbedingt zu achten: Während der Rechenarbeit darf nichts verloren gehen! Wer beispielsweise mit einem System mit fünf Gleichungen startet, der sollte auch am „Ziel" mit fünf Gleichungen ankommen!

Profis vergleichen zuallererst die Anzahl der Gleichungen mit der Anzahl der Variablen. Dieses System besteht aus fünf Gleichungen, es enthält vier Variable – ob das gut geht?

$$\begin{cases} 1.\ d=0\ \wedge \\ 2.\ 8a+4b+2c+d=4\ \wedge \\ 3.\ 12a+4b+c=0\ \wedge \\ 4.\ -8a+4b-2c+d=-4\ \wedge \\ 5.\ 12a-4b+c=0 \end{cases} \Leftrightarrow \begin{cases} 1.\ d=0\ \wedge \\ 2.\ 8a+4b+2c=4\ \wedge & (1., 2.) \\ 3.\ 12a+4b+c=0\ \wedge \\ 4.\ -8a+4b-2c=-4\ \wedge & (1., 2.) \\ 5.\ 12a-4b+c=0 \end{cases} \Leftrightarrow \begin{cases} 1.\ d=0\ \wedge \\ 2.\ 8a+4b+2c=4\ \wedge \\ 3.\ 12a+4b+c=0\ \wedge \\ 4.\ 8b=0\ \wedge\ (2. \oplus 4.) \\ 5.\ 24a+2c=0\ (3. \oplus 5.) \end{cases}$$

$$\Leftrightarrow \begin{cases} 1.\ d=0\ \wedge \\ 2.\ 4a+2b+c=2\ \wedge \\ 3.\ 12a+4b+c=0\ \wedge \\ 4.\ b=0\ \wedge \\ 5.\ 12a+c=0 \end{cases} \Leftrightarrow \begin{cases} 1.\ d=0\ \wedge \\ 2.\ 4a+c=2\ \wedge & (2., 4.) \\ 3.\ 12a+c=0\ \wedge & (3., 4.) \\ 4.\ b=0\ \wedge \\ 5.\ c=-12a \end{cases}$$

$$\Leftrightarrow \begin{cases} 1.\ d=0\ \wedge \\ 2.\ 4a-12a=2\ \wedge & (2., 5.) \\ 3.\ 12a-12a=0\ \wedge & (3., 5.) \\ 4.\ b=0\ \wedge \\ 5.\ c=-12a \end{cases} \Leftrightarrow \begin{cases} 1.\ d=0\ \wedge \\ 2.\ a=-\frac{1}{4}\ \wedge \\ 3.\ 0=0\ \wedge \\ 4.\ b=0\ \wedge \\ 5.\ c=3 & (2., 5.) \end{cases}$$

Die Rechnung führt auf das Polynom $p(x) = -\frac{1}{4}x^3 + 3x$.

5. Die Kontrolle

Es empfiehlt sich zu prüfen, ob das Rechnungsergebnis allen Anforderungen entspricht. Wir stellen fest:

Die Funktion p mit $p(x) = -\frac{1}{4}x^3 + 3x$ ist eine Polynomfunktion 3. Grades.

Der Graph verläuft durch (0|0), denn $p(0) = -\frac{1}{4}0^3 + 3 \cdot 0 = 0$.

Der Graph verläuft durch (2|4), denn $p(2) = -\frac{1}{4}2^3 + 3 \cdot 2 = 4$.

Der Graph verläuft in (2|4) waagerecht, denn $p'(2) = 3 \cdot \left(-\frac{1}{4}2^2\right) + 3 = 0$.

Der Graph verläuft durch (–2|–4), denn $p(-2) = -\frac{1}{4}(-2)^3 + 3 \cdot (-2) = -4$.

Der Graph verläuft in (–2|–4) waagerecht, denn $p'(-2) = 3 \cdot \left(-\frac{1}{4}(-2)^2\right) + 3 = 0$.

Die Polynomfunktion 3. Grades mit den genannten Eigenschaften lautet:

p: $p(x) = -\frac{1}{4}x^3 + 3x$, D = **R**.

Wir empfehlen, diese Funktion zu diskutieren und ihren Graphen zu zeichnen. Er findet sich unter den auf Seite 90 gezeichneten Graphen.

Die Lösung – ein Polynom 4. Grades?

Gesucht ist eine Funktion mit folgenden Eigenschaften:
Ihr Funktionsterm ist ein Polynom 4. Grades. Ihr Graph verläuft durch den Nullpunkt, in den Punkten (2|4) und (−2|−4) hat er waagerechte Tangenten.
Das Problem gleicht in wesentlichen Teilen den soeben behandelten. Wir erlauben uns deshalb, Lösungsweg und Kommentierung knapper zu halten.

1. Ansatz

$p(x) = ax^4 + bx^3 + cx^2 + dx + e$

$p'(x) = 4ax^3 + 3bx^2 + 2cx + d$

2. Eigenschaften und 3. Gleichungssystem

$$\begin{cases} 1.\ p(0) = 0 \\ 2.\ p(2) = 4 \\ 3.\ p'(2) = 0 \\ 4.\ p(-2) = -4 \\ 5.\ p'(-2) = 0 \end{cases} \Rightarrow \begin{cases} 1.\ e = 0 \\ 2.\ 16a + 8b + 4c + 2d + e = 4 \\ 3.\ 32a + 12b + 4c + d = 0 \\ 4.\ 16a - 8b + 4c - 2d + e = -4 \\ 5.\ -32a + 12b - 4c + d = 0 \end{cases}$$

4. Lösen des Gleichungssystem

Das Gleichungssystem aus 5 Gleichungen enthält 5 Variable – eine günstige Voraussetzung, eine eindeutige Lösung zu erhalten!

$$\begin{cases} 1.\ e = 0 \wedge & \\ 2.\ 8a + 4b + 2c + d = 2 \wedge & (2., 1.) \\ 3.\ 32a + 12b + 4c + d = 0 \wedge & \\ 4.\ 8a - 4b + 2c - d = -2 \wedge & (4., 1.) \\ 5.\ d = -12b & (3. \oplus 5.) \end{cases} \Leftrightarrow \begin{cases} 1.\ d = 0 \wedge & \\ 2.\ 8a + 4b + 2c + d = 2 \wedge & \\ 3.\ 32a + 12b + 4c + d = 0 \wedge & \\ 4.\ c = -4a \wedge & (2. \oplus 4.) \\ 5.\ d = -12b & \end{cases}$$

$$\Leftrightarrow \begin{cases} 1.\ e = 0 \wedge & \\ 2.\ b = -\frac{1}{4} \wedge & (2., 4., 5.) \\ 3.\ a = 0 \wedge & (3., 4., 5.) \\ 4.\ c = -4a \wedge & \\ 5.\ d = -12b & \end{cases} \Leftrightarrow \begin{cases} 1.\ e = 0 \wedge & \\ 2.\ b = -\frac{1}{4} \wedge & \\ 3.\ a = 0 \wedge & \\ 4.\ c = 0 \wedge & \\ 5.\ d = 3 & (5., 2.) \end{cases}$$

Die Rechnung erzwingt a = 0. Das bedeutet, dass es keine Polynomfunktion 4. Grades mit den genannten Eigenschaften gibt. (Übrigens: Das Gleichungssystem hat sehr wohl eine eindeutige Lösung; allerdings führt sie auf die uns schon bekannte Polynomfunktion 3. Grades $p(x) = -\frac{1}{4}x^3 + 3x$.)

Die Lösung – eine Polynomfunktion 5. Grades?

Gesucht ist eine Funktion mit folgenden Eigenschaften:
Ihr Funktionsterm ist eine zum Nullpunkt symmetrische Polynomfunktion 5. Grades. Ihr Graph verläuft durch den Nullpunkt, in den Punkten (2|4) und (−2|−4) hat er waagerechte Tangenten.

1. *Ansatz*

$p(x) = ax^5 + bx^4 + cx^3 + dx^2 + ex + f$

$p'(x) = 5ax^4 + 4bx^3 + 3cx^2 + 2dx + e$

2. *Eigenschaften und 3. Gleichungssystem*

Symmetrien sind starke Bedingungen. Es lohnt sich, sie bereits im Ansatz zu nutzen, denn sie führen stets zu wesentlichen Vereinfachungen. Die Punktsymmetrie zum Nullpunkt bedeutet:

$-p(x) = p(-x)$ für alle x

$\Rightarrow -ax^5 - bx^4 - cx^3 - dx^2 - ex - f = -ax^5 + bx^4 - cx^3 + dx^2 - ex + f$

$\Rightarrow 2bx^4 + 2dx^2 + 2f = 0$ für alle x

Die letzte Gleichung gilt für alle x, also z. B. auch für $x = 0$, $x = 1$, $x = 2$; d. h.

$$\begin{array}{l} 1.\ 2b \cdot 0^4 + 2d \cdot 0^2 + 2f = 0 \wedge \\ 2.\ 2b \cdot 1^4 + 2d \cdot 1^2 + 2f = 0 \wedge \\ 3.\ 2b \cdot 2^4 + 2d \cdot 2^2 + 2f = 0 \end{array} \quad \Leftrightarrow \begin{cases} 1.\ f = 0 \wedge \\ 2.\ b + d = 0 \wedge \\ 3.\ 4b + d = 0 \end{cases}$$

$$\Leftrightarrow \begin{cases} 1.\ f = 0 \wedge \\ 2.\ b + d = 0 \wedge \\ 3.\ 3b = 0\ (3. - 1.) \end{cases} \quad \Leftrightarrow \begin{cases} 1.\ f = 0 \wedge \\ 2.\ d = 0 \wedge \\ 3.\ b = 0 \end{cases}$$

Das bedeutet, dass gerade Potenzen im Funktionsterm nicht auftreten. Der Lösungsansatz vereinfacht sich zu:

$p(x) = ax^5 + cx^3 + ex$

$p'(x) = 5ax^4 + 3cx^2 + e$

Das bedeutet: $\begin{cases} 1.\ p(0) = 0 \\ 2.\ p(2) = 4 \\ 3.\ p'(2) = 0 \\ 4.\ p(-2) = -4 \\ 5.\ p'(-2) = 0 \end{cases} \Rightarrow \begin{cases} 1.\ 0 = 0 \\ 2.\ 32a + 8c + 2e = 4 \\ 3.\ 80a + 12c + e = 0 \\ 4.\ -32a - 8c - 2e = -4 \\ 5.\ 80a + 12c + e = 0 \end{cases}$

Gleichung 1. ist allgemeingültig, sie bindet keinen der Parameter. Die Gleichungen 2., 4. bzw. 3., 5. sind gleichwertig – klar, denn sie sind der Ausdruck der Punktsymmetrie! Das System reduziert sich auf:

$$\begin{cases} 2.\ 16a + 4c + e = 2 \wedge \\ 3.\ 80a + 12c + e = 0 \end{cases} \Leftrightarrow \begin{cases} 2.\ 16a + 4c + e = 2 \\ 3.\ 64a + 8c = -2 \quad (3. - 2.) \end{cases}$$

$$\Leftrightarrow \begin{cases} 2.\ 16a + 4c + e = -2 \\ 3.\ c = -\frac{1}{4} - 8a \end{cases} \Leftrightarrow \begin{cases} 2.\ e = 3 + 16a \quad (2., 3.) \\ 3.\ c = -\frac{1}{4} - 8a \end{cases}$$

Die Parameter c und e bestimmen sich durch a; a ist frei wählbar. Es gibt viele, unendlich viele zum Nullpunkt symmetrische Polynomfunktionen 5. Grades mit den genannten Eigenschaften. Sie bilden eine ganze Funktionenschar und sind von der Form: $p(x) = ax^5 + \left(-\frac{1}{4} - 8a\right)x^3 + (3 + 16a)\,x$.

Wir empfehlen, den einen oder anderen konkreten Wert für a zu wählen, die zugehörige Funktion zu diskutieren und ihren Graphen zu zeichnen.

Die Lösung – eine gebrochene Funktion?

Gesucht ist eine Funktion mit folgenden Eigenschaften:

Ihr Funktionsterm ist von der Form $g(x)=\frac{ax+b}{cx^2+dx+e}$. Ihr Graph verläuft durch den Nullpunkt, in den Punkten (2|4) und (–2|–4) hat er waagerechte Tangenten.

1. Ansatz

Er ist hier vorgegeben: $g(x)=\frac{ax+b}{cx^2+dx+e}$.

Die Ableitung: $g'(x)=\frac{-acx^2-2bcx+ae-bd}{(cx^2+dx+e)^2}$.

2. Eigenschaften und 3. Gleichungssystem

Die Eigenschaften sind mehrfach ausformuliert worden; wir erstellen sofort das Gleichungssystem:

$$\begin{cases} 1.\ \frac{a0+b}{c0^2+d0+e}=0\ \wedge \\ 2.\ \frac{a2+b}{c2^2+d2+e}=4\ \wedge \\ 3.\ \frac{-ac2^2-2bc2+ae-bd}{(c2^2+d2+e)^2}=0\ \wedge \\ 4.\ \frac{a(-2)+b}{c(-2)^2+d(-2)+e}=-4\ \wedge \\ 5.\ \frac{-ac(-2)^2-2bc(-2)+ae-bd}{(c(-2)^2+d(-2)+e)^2}=0 \end{cases}$$

$$\Leftrightarrow \begin{cases} 1.\ b=0\ \wedge \\ 2.\ 2a+b=16c+8d+4e\ \wedge \\ 3.\ -4ac-4bc+ae-bd=0\ \wedge \\ 4.\ -2a+b=-16c+8d-4e\ \wedge \\ 5.\ -4ac+4bc+ae-bd=0 \end{cases} \quad \Leftrightarrow \begin{cases} 1.\ b=0\ \wedge \\ 2.\ 2a=16c+8d+4e\ \wedge \\ 3.\ -4ac+ae=0\ \wedge \\ 4.\ -2a=-16c+8d-4e\ \wedge \\ 5.\ -4ac+ae=0 \end{cases}$$

$$\Leftrightarrow \begin{cases} 1.\ b=0\ \wedge \\ 2.\ 2a=16c+8d+4e\ \wedge \\ 3.\ e=4c\ \wedge \\ 4.\ d=0\ \wedge \quad (4. \oplus 2.) \\ 5.\ e=4c \end{cases} \quad \Leftrightarrow \begin{cases} 1.\ b=0\ \wedge \\ 2.\ a=16c\ \wedge \quad (2., 3., 4.) \\ 3.\ e=4c\ \wedge \\ 4.\ d=0\ \wedge \\ 5.\ e=4c \end{cases}$$

Die Rechnung führt zu $g(x)=\frac{16cx}{cx^2+4c}=\frac{16x}{x^2+4}$.

Die Überprüfung zeigt, dass die Funktion g allen genannten Bedingungen genügt. Auch ihr Graph findet sich auf Seite 90.

3. Roter Faden

Wie bestimmt man Funktionen mit vorgegebenen Eigenschaften?

1. Ansatz	Das Wichtigste: Um welchenFunktionstyp geht es? Welche Form hat der Funktionsterm? Welche Parameter sind anzusetzen?
2. Eigenschaften	Es sind die vorgegebenen Daten auszuwerten: Gibt es Symmetrien? Sind Funktionswerte bekannt? Welche Angaben betreffen die 1. Ableitung, welche die 2. Ableitung?
3. Gleichungssystem	Jede einzelne Eigenschaft wird mithilfe der Funktion und ihrer Ableitungen in eine Gleichung umgesetzt.
4. Lösen des Systems	Beim Lösen sind das Eliminations- und das Additionsverfahren hilfreich. Ein Gleichungssystem kann keine, genau eine oder unendlich viele Lösungen haben.
5. Kontrolle	Das Rechenergebnis wird überprüft, ob es allen Bedingungen genügt.

4. Übungen

1. a) Eine Polynomfunktion 2. Grades hat in $(-1|-8)$ ein Minimum. $(3|0)$ ist eine Nullstelle. Übertragen Sie diese Eigenschaften in ein Koordinatensystem und skizzieren Sie den Graphen. Bestimmen Sie die Funktion, die diese Eigenschaften besitzt.

1. b) Eine andere Polynomfunktion 2. Grades hat bei 4 ein Maximum und bei -2 eine Nullstelle. Der Anstieg in der Nullstelle beträgt 3. Wie lautet diese Funktion?

2. Gesucht wird eine Polynomfunktion 2. Grades mit folgenden Eigenschaften: In $(-4|-8)$ hat sie ein Minimum, außerdem verläuft sie durch den Nullpunkt und den Punkt $(2|4)$.

a) Begründen Sie zeichnerisch, weshalb eine solche Funktion wahrscheinlich gar nicht existiert.

b) Zeigen Sie rechnerisch, dass es eine solche Funktion nicht geben kann.

3. Welche Polynomfunktion der Form $p(x) = ax^3 + bx^2$ hat folgende Eigenschaften:
   a) Ihr Graph verläuft durch (2|2) und (–4|0).
   b) Ihr Graph hat in (1|1) die Steigung 1996.
   c) Ihr Graph hat in 0 und in 4 waagerechte Tangenten.
   d) Ihr Graph hat in (1|–1) einen Wendepunkt.

4. Der Graph einer Polynomfunktion 4. Grades verläuft durch (0|1) und hat dort den Anstieg –2. In (1|0) hat sie einen Wendepunkt mit waagerechter Tangente.
   a) Wie lautet diese Funktion?
   b) Zeichnen Sie Ihren Graphen.

5. Die Abbildung zeigt eine Schar von Polynomfunktionen 4. Grades.
   a) Welche Eigenschaften sind allen Funktionen dieser Schar gemeinsam?
   b) Durch welchen Funktionsterm wird diese Schar beschrieben?
   c) Welche dieser Funktionen hat ihr Maximum in (2|2)?

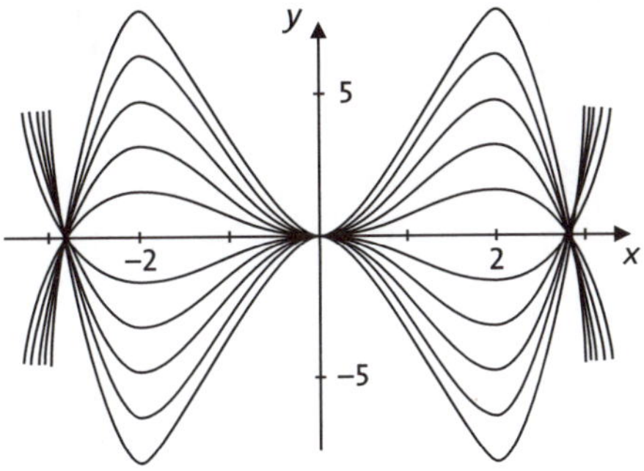

6. Welche Funktion der Form $g(x) = \frac{ax+b}{cx+d}$ hat in ihrer Nullstelle x = 3 den Anstieg –1 und ist bei x = 2 nicht definiert?

7. Von einer Funktion der Form $f(x) = (ax^2 + bx - c)\,e^x$ ist Folgendes bekannt: Sie schneidet die y-Achse an der Stelle 1 und hat dort den Anstieg –2. An der Stelle –1 hat sie ein Extremum. Bestimmen Sie die Funktion und zeichnen Sie ihren Graphen.

12. Extremwertprobleme

1. So groß wie möglich

Onkel Otto hat, um die mathematischen Ambitionen seines Neffen Florian zu fördern, in seinem Testament verfügt: „... und mein Neffe Florian darf sich unten am Bach ein rechteckiges Grundstück abstecken, so groß, wie er es mit 500 m Zaun eingrenzen kann."

Florian möchte und sollte dieses Geschenk bestmöglich nutzen – genau das entspricht auch der Absicht des Onkels. „Bestmöglich" bedeutet hier, dass er ein möglichst großes Grundstück wählt. Dabei muss er eine Bedingung respektieren: Die Zaunlänge muss 500 m betragen – keinesfalls mehr! Und eingezäunt wird natürlich nur auf drei Seiten, denn wer wird ein Ufer mit einem Zaun verbauen!

Die Lösung

Sie vollzieht sich bei Problemen dieser und ähnlicher Art im Prinzip stets auf gleiche Weise und lässt sich in folgende Lösungsschritte zerlegen:

1. *Problemstellung*

   Der voreilige Griff nach der Lösung ist eher schädlich als nützlich! Für ein zielgerichtetes Vorgehen ist es unabdingbar, sich folgende Fragen zu stellen:
   Was ist das Problem? Worum geht es?
   Was ist der zentrale Begriff?
   Von welchen Größen ist er abhängig?
   Wie hängen die verschiedenen Größen miteinander zusammen?
   Hier geht es um Rechtecksflächen.
   Ihre Flächeninhalte hängen ab von der Länge und Breite.

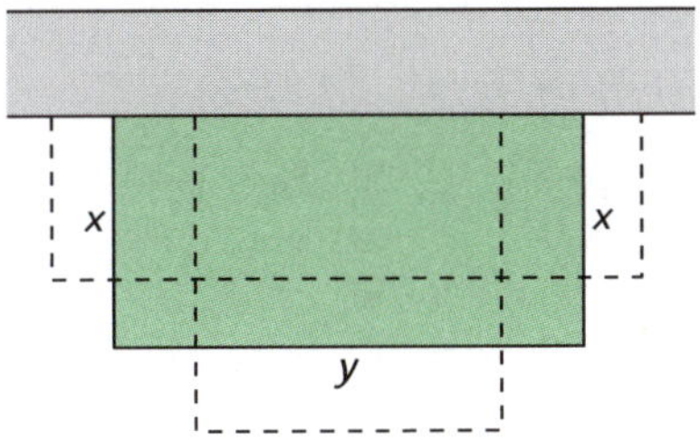

2. *Zielfunktion*

   Das Problem wird in eine mathematische Formelsprache übersetzt. **Ziel** ist die Herstellung einer möglichst großen Rechtecksfläche. Bezeichnet man die Breite mit x und die Länge mit y, so erhält man die
   Zielfunktion: $F(x,y) = x \cdot y$

3. *Nebenbedingung*

   Breite x und Länge y dürfen nicht beliebig gewählt werden. Sie sind durch die **Bedingung** miteinander verkoppelt, dass die Zaunlänge 500 m betragen muss. Dies führt zur
   Nebenbedingung: $2x + y = 500$

4. *Reduzierung auf eine Variable*

   Die Schreibweise F(x, y) weist aus, dass die Zielfunktion eine Funktion von zwei Variablen ist. Sie wird mithilfe der Nebenbedingung auf eine Funktion mit nur einer Variablen reduziert:
   $F(x, y) = x \cdot y$
   $y = 500 - 2x$
   Die Variable y lässt sich ersetzen: $F(x) = x \cdot (500 - 2x)$
   Die Funktion F ist erst dann vollständig erfasst, wenn auch ihr Definitionsbereich abgeklärt ist. Man erhält ihn durch die Überlegung, dass weder Längen noch Flächeninhalte negativ oder null sein können.
   Es muss daher $x > 0$ und $500 - 2x > 0$ gelten, d. h.: $0 < x < 250$
   Damit ist die Übersetzung in die mathematische Formelsprache abgeschlossen:
   Gesucht ist das Maximum der Funktion: $F : x \rightarrow F(x) = 500x - 2x^2$
   Mit $D =]0|250[$

5. *Berechnung der Extremwerte*

Nach dieser Aufbereitung lässt sich das Extremwertproblem auf unterschiedliche Weise lösen:

mit Wertetabelle und Graph.

a) Der Taschenrechner unterstützt diese Fleißarbeit, die grafische Darstellung lässt die Extrema unmittelbar erkennen.

b) mit Differentialrechnung.
Maxima (und auch Minima) einer Funktion lassen sich mithilfe der Ableitungen ermitteln. Diese Methode hat den Vorzug, exakte Lösungen zu liefern.

a) Wertetafel und Graph

x	F(x)
0	0
20	9200
40	16800
60	22800
80	27200
100	30000
120	31200
140	30800
160	28800
180	25200
200	20000
220	13200
250	0

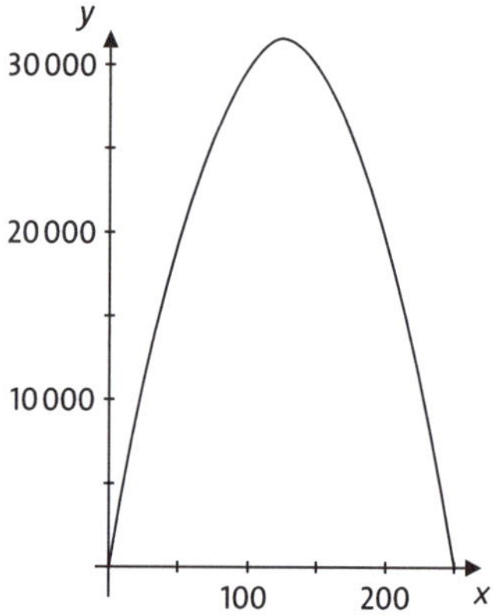

Wertetafel und Graph lassen erkennen: Das Maximum wird bei der Breite von ca. 120 m und der Länge von ca. 260 m angenommen. Es beträgt ca. 31200 m².

b) Methode der Differentialrechnung

F hat ein Maximum, wenn

$F'(x) = 0$ und

$F''(x) < 0$.

Es ist:

$F(x) = 500x - 2x^2$

$F'(x) = 500 - 4x$

$F''(x) = -4$

$F'(x) = 0 \Leftrightarrow 500 - 4x = 0 \Leftrightarrow x = 125$

$F''(125) = -4 < 0$

$F'(125) = 0$ und $F''(125) < 0$ garantieren, dass $x = 125$ Maximumstelle ist.

Das Rechteck der Breite 125 m und der Länge 250 m hat den maximalen Flächeninhalt. Er beträgt 31250 m².

2. So schnell wie möglich

Tommy sitzt im Boot auf einem See, 2 km von der nächsten Uferstelle N entfernt. Er will zum Dorf D, so schnell wie möglich. Mit dem Boot kommt er 3 km pro Stunde voran, längs des Ufers zu Fuß geht er mit 5 km pro Stunde (siehe Abbildung). Zu welcher Stelle S muss er rudern, damit er möglichst schnell ins Dorf D kommt?

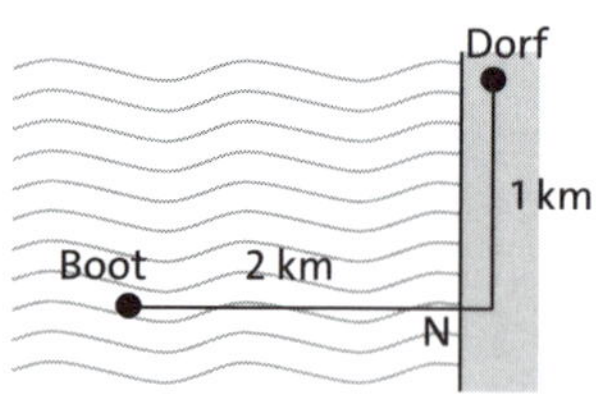

Lösung

1. *Problemstellung*

Es geht darum, möglichst schnell nach D zu kommen. Der gerade Weg von B nach D ist zwar der kürzeste, aber möglicherweise nicht der schnellste; denn hier muss längs des ganzen Weges gerudert werden – und das dauert!

Die Ruderstrecke kann verkürzt werden, wenn man einen Umweg über eine Stelle X zwischen N und D wählt. Dann muss allerdings noch ein Stück Fußweg in Kauf genommen werden!
Es geht also um die Zeit t, um die Zeit t_w auf dem Wasser und um die Zeit t_u längs des Ufers. Diese Zeiten hängen ab von der Strecke $y = \overline{BX}$ zu Wasser und der Strecke $x = \overline{XD}$ längs des Ufers.

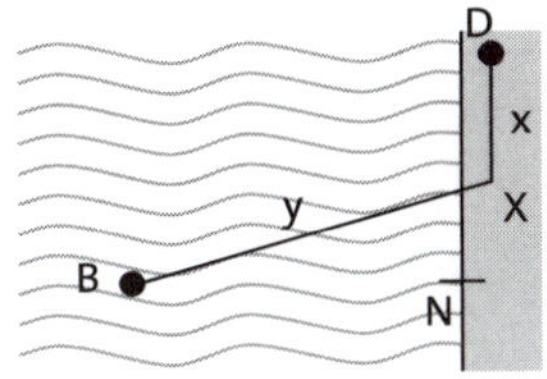

2. *Zielfunktion*
Ziel ist es, die Gesamtzeit $t = t_w + t_u$ zu minimieren. Diese Zeiten hängen ab von den zurückgelegten Strecken y und x sowie den Geschwindigkeiten 3 km/h bzw. 5 km/h. Geschwindigkeit v ist – die Einheit Kilometer pro Stunde weist darauf hin – der Quotient von Weg und Zeit; d. h.: $t(x, y) = \frac{y}{3} + \frac{x}{5}$.

3. *Nebenbedingung*
Die Längen y und x sind nicht unabhängig voneinander. y lässt sich mithilfe des Pythagoras durch x ersetzen: $y^2 = 2^2 + (1 - x)^2$

4. *Reduzierung auf eine Variable*
Wegen $y = \sqrt{4 + (1 - x)^2}$ gilt für die Zielfunktion: $t(x) = \frac{1}{3}\sqrt{4 + (1 - x)^2} + \frac{x}{5}$
x muss zwischen N und D liegen. Da diese Stellen 1 km voneinander entfernt sind, ist $0 \leq x \leq 1$; d. h: $D = [0|1]$

5. *Berechnung der Extrema*
Der besseren Anschauung wegen begnügen wir uns auch hier nicht mit der Rechnung allein. Wir erstellen für t zusätzlich eine Wertetafel und zeichnen den zugehörigen Graphen.

a) *Wertetafel und Graph*

x	t(x)
0	0,745
0,1	0,751
0,2	0,758
0,3	0,766
0,4	0,776
0,5	0,787
0,6	0,800
0,7	0,814
0,8	0,830
0,9	0,847
1,0	0,867

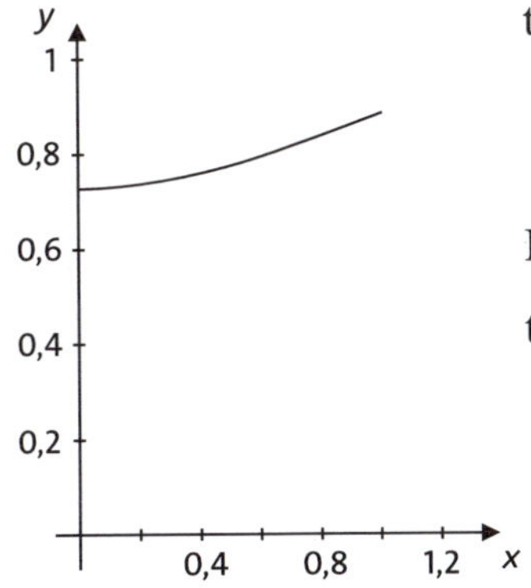

b) *Methode der Differentialrechnung*

$$t'(x) = \left[\frac{1}{3}\sqrt{4 + (1 - x)^2} + \frac{x}{5}\right]'$$
$$= \frac{1}{3}\,\frac{1 - x}{\sqrt{4 + (1 - x)^2}} + \frac{1}{5}$$

Bedingung für Extrema:

$$t'(x) = 0 \Leftrightarrow -\frac{1}{3} \cdot \frac{1 - x}{\sqrt{4 + (1 - x)^2}} + \frac{1}{5} = 0$$
$$\Leftrightarrow \frac{5}{3}(1 - x) = \sqrt{4 + (1 - x)^2}$$
$$\Rightarrow \frac{25}{9}(1 - x)^2 = 4 + (1 - x)^2$$
$$\Rightarrow \frac{16}{9}(1 - x)^2 = 4$$
$$\Rightarrow x = -\frac{1}{2} \vee x = \frac{5}{2}$$

Ein bemerkenswertes Ergebnis!
Die „Lösungen" gehören nicht zu D = [0|1]; die möglichen Extrema werden also nicht im Innern des Definitionsbereichs angenommen.

Graph und Wertetafel zeigen: Das Minimum wird nicht im Innern des Definitionsbereichs angenommen. Im Innern gibt es keine Stelle mit waagerechter Tangente. Das Minimum wird am Rand $x = 0$ angenommen.

Die Rechnung zeigt: Im Innern des Definitionsbereichs gibt es keine Stelle mit waagerechter Tangente! Dennoch gibt es ein Minimum! Es wird am Rand $x = 0$ ($y \approx 0{,}745$) angenommen.

Die Ableitungskriterien liefern lediglich innere Extrema. Extrema können aber auch am Definitionsrand liegen.
Bei der Extremwertbestimmung sind deshalb stets auch die Randwerte zu berücksichtigen.

3. So preiswert wie möglich

Ein Supermarkt will einen rechteckigen, 4000 m² großen Parkplatz anlegen. Drei Seiten der Umzäunung werden, mit Ausnahme der 8 m breiten Einfahrt, durch einen Holzzaun gebildet; der laufende Meter kostet 20 Euro. Die vierte Seite muss gemauert werden; dafür betragen die Kosten pro laufenden Meter 80 Euro. Bei welchen Abmessungen werden die Kosten für die Umzäunung minimal?

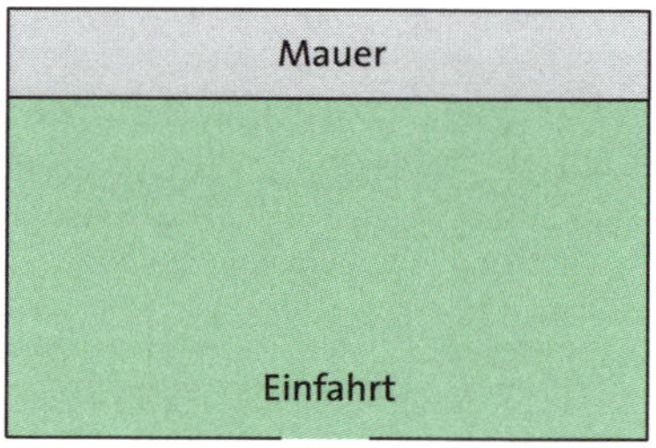

Lösung

1. *Problemstellung*
   Hier geht es um die Kosten der Umzäunung. Sie hängen von Länge und Breite des rechteckigen Parkplatzes ab.
2. *Zielfunktion*
   Die Kosten K für den Zaun sind formelmäßig zu erfassen. Sie setzen sich zusammen aus den Kosten für die Steinmauer und den Kosten für den Holzzaun; d. h.:
   $$K(x, y) = 80x + 20(2y + x - 8)$$
3. *Nebenbedingung*
   Bedingung ist, dass der Parkplatz 4000 m² groß wird; d. h.: $x \cdot y = 4000$.

4. *Reduzierung auf eine Variable*

Die Nebenbedingung $y = \frac{4000}{x}$ erlaubt, die Zielfunktion mit nur einer Variablen zu schreiben:

$$K(x) = 80x + 20\left(\frac{8000}{x} + x - 8\right)$$

Der Definitionsbereich erschließt sich aus der Überlegung, dass weder Länge x noch Breite y negativ sein dürfen. Gesucht ist das Minimum der Funktion:

$$K(x) = 100x + \frac{160\,000}{x} - 160$$
mit $D =]0|\infty[$

5. *Berechnung der Extremwerte*

Das Kostenminimum lässt sich – näherungsweise – aus Wertetafel und Graph entnehmen. Die exakte Lösung erhält man mithilfe der Ableitungen bzw. der Randwerte.

a) Wertetafel und Graph

x	K(x)
10	16840
20	9840
30	8173
40	7840
50	8040
60	8507
70	9127
80	9840
90	10618
100	11440
...	...

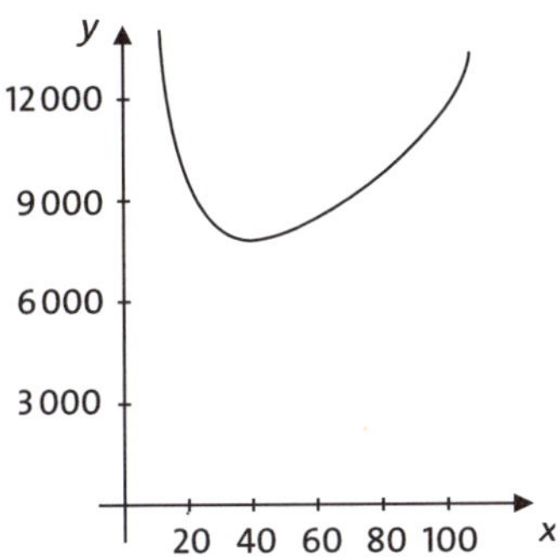

Die geringsten Zaunkosten – das zeigen Wertetafel und Graph – fallen bei $x \approx 40$ m an.

b) Methode der Differentialrechnung

$$K'(x) = \left(100x + \frac{160\,000}{x} - 160\right)'$$
$$= 100 - \frac{160\,000}{x^2}$$

$$K''(x) = \left(100 - \frac{160\,000}{x^2}\right)' = \frac{320\,000}{x^3}$$

Minimumbedingung: $K'(x) = 0$ und $K''(x) > 0$

$$K'(x) = 0 \Leftrightarrow 100 - \frac{160\,000}{x^2} = 0$$
$$\Leftrightarrow x = 40$$

$$K''(40) = \frac{320\,000}{40^3} > 0$$

Randwerte: Die Kosten am Definitionsrand wachsen ins Unermessliche; d. h.:

Die geringsten Zaunkosten entstehen bei x = 40 m. Sie betragen 7840 Euro.

4. So nah wie möglich

Nordöstlich eines Dorfes führt eine Bahnlinie entlang. Wo ist der Bahnhof anzulegen, damit er so nah wie möglich am Dorfe liegt?
In einem Koordinatensystem liegt das Dorf im Nullpunkt; die Bahnlinie wird – stark vereinfacht – durch $f(x) = \frac{4}{x}$ beschrieben.

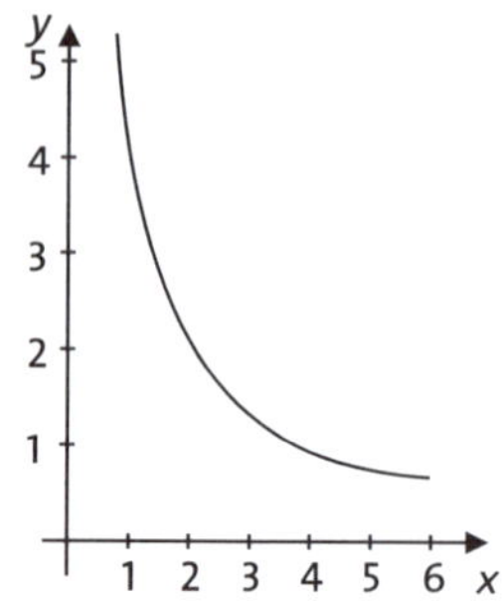

Lösung

1. *Problemstellung*
   Man erkennt: Der Bahnhof sollte weder in stark nördlicher noch in stark östlicher Richtung gebaut werden; in diesen Richtungen ist die Entfernung zur Bahnlinie groß. Ein wenig Augenmaß und die günstigste Lage ist ziemlich genau fixiert!

2. *Zielfunktion*
   Die Lage des Bahnhofs wird durch seine Kordinaten x und y bestimmt. Ziel ist es, seine Entfernung zum Nullpunkt möglichst gering zu halten; d. h.:
   $$e(x, y) = \sqrt{x^2 + y^2}$$

3. *Nebenbedingung*
   Die Variablen x und y sind auch hier nicht frei wählbar. Der Bahnhof muss an der Bahnlinie liegen, deshalb hängen sie durch $y = \frac{4}{x}$ miteinander zusammen:
   $$y = \frac{4}{x}$$

4. *Reduzierung auf eine Variable*
   Die Nebenbedingung führt auf folgende Zielfunktion: $e(x) = \sqrt{x^2 + \frac{16}{x^2}}$.
   Der Definitionsbereich erschließt sich aus dem Bedeutungszusammenhang; x kann jede positive Zahl sein; d. h.: $D =]0|\infty[$.

5. *Berechnung der Extremwerte*
   Der Rest ist fast Routine! $e'(x) = 0$ hat als Lösung $x = 2$. Dies ist inneres Minimum, weil $e''(2) = \sqrt{2} > 0$ gilt. Und da e(x) am Rand – sowohl für $x \to 0$ als auch für $x \to \infty$ – ins Unermessliche wächst, erhält man für $x = 2$ tatsächlich das Minimum von e.
   Die Berechnung der Ableitungen ist hier etwas mühsam und deshalb auch fehleranfällig. Eine simple Überlegung mindert den Rechenaufwand!
   Wenn e(x) klein ist, dann ist auch $e^2(x)$ klein, wenn e(x) groß ist, dann ist auch $e^2(x)$ groß. (Vorsicht: Dies gilt nur dann, wenn hier die Funktionswerte durchweg positiv sind!)

Wir berechnen deshalb nicht das Minimum der Funktion e, sondern sozusagen stellvertretend jenes der Funktion $E = e^2$: $E(x) = e^2(x) = x^2 + \frac{16}{x^2}$

$D =]0|\infty[$

Wir verzichten auch hier nicht auf Wertetafel und Graph – für die Rechnung sind sie unwesentlich, der Anschauung und dem Verständnis hingegen überaus dienlich!

a) Wertetafel und Graph

x	E(x)
0,1	1600,01
0,2	400,04
0,3	177,87
0,4	100,16
0,5	64,25
1	17,00
1,5	9,36
2	8,00
2,5	8,81
3	10,77
4	17,00
5	26,64
10	100,16
20	400,04
...	...

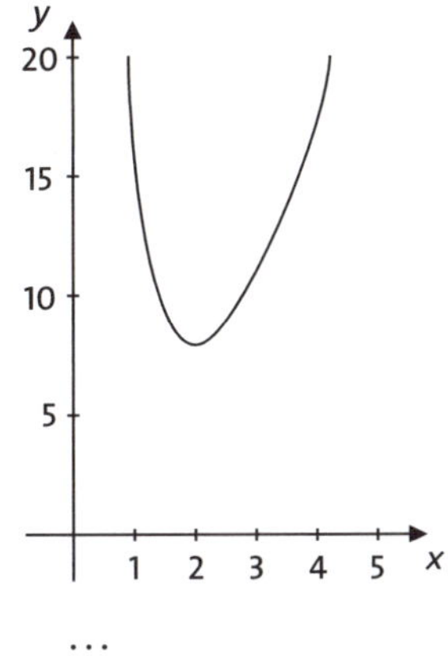

Für x = 2 wird – so Wertetafel und Graph – die Entfernung vom Dorf zur Bahnlinie minimal.

b) Rechnerische Lösung

Die Ableitungen:

$E'(x) = \left(x^2 + \frac{16}{x^2}\right)' = 2x - \frac{32}{x^3}$

$E''(x) = 2 + \frac{96}{x^4}$

Bedingung für Extrema:

$E'(x) = 0 \Leftrightarrow 2x - \frac{32}{x^3} = 0 \Rightarrow x = 2$

$E''(2) = 8 > 0$

$\Rightarrow$ Das innere Minimum liegt bei $x = 2$.

Bei x = 2 ist tatsächlich das Minimum, da die Funktionswerte am Rand ins Unermessliche wachsen.

Die Rechnung bestätigt das vorläufige Ergebnis von Wertetafel und Graph. Die kürzeste Entfernung ergibt sich für x = 2. Der Bahnhof sollte an der Stelle (2|2) geplant werden; die Entfernung zum Dorf beträgt dann:

$e(2) = \sqrt{8} \approx 2,83.$

Ein Tipp für die Praxis:

Die Funktionen f und $c \cdot f$ haben an den gleichen Stellen Ihre Maxima bzw. Minima – falls die Konstante c positiv ist.
Die Funktionen f und f^2 haben an den gleichen Stellen Ihre Maxima bzw. Minima – falls f im Definitionsbereich positiv ist.
Diese Eigenschaft ist vor allem dann von Nutzen, wenn die Extrema von $c \cdot f$ bzw. von f^2 einfacher zu berechnen sind als jene von f.

5. So stabil wie möglich

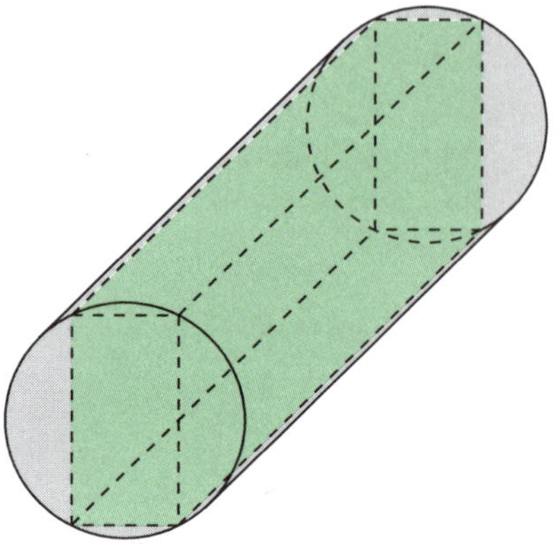

Aus einem Baumstamm vom Durchmesser 60 cm soll ein Balken herausgeschnitten werden. Bei welchen Abmessungen wird seine Tragfähigkeit möglichst groß?
Die Tragfähigkeit T eines rechteckigen Balkens, so erfährt man es von Statikern, ist proportional zur Breite x und zum Quadrat der Höhe y. Es ist also $T(x, y) = m \cdot x \cdot y^2$, wobei m eine für das Baummaterial charakteristische Konstante ist.

Lösung

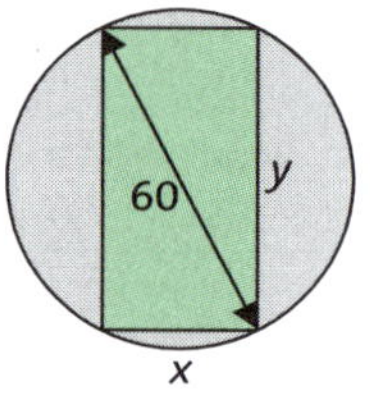

1. *Problemstellung*
   Tragebalken - man erkennt es beispielsweise in jedem Dachstuhl – haben stets größere Höhe als Breite. Die Höhe ist für die Tragfähigkeit weitaus bedeutsamer als die Breite. Bei welcher Höhe und welcher Breite wird sie maximal?

2. *Zielfunktion*
   Ziel ist, einen Balken möglichst großer Tragfähigkeit zu erhalten. Die Tragfähigkeit lässt sich nicht auf rein mathematische Weise herleiten; hier ist Spezialwissen gefragt. Statiker geben die Tragfähigkeit formelmäßig an durch:
   $$T(x, y) = m \cdot x \cdot y^2.$$

3. *Nebenbedingung*
   Die für die Tragfähigkeit maßgeblichen Variablen x und y können nicht beliebig gewählt werden. Sie sind über den Baumdurchmesser gekoppelt:
   $$x^2 + y^2 = 60^2$$

4. *Reduzierung auf eine Variable*
   Wegen $y^2 = 60^2 - x^2$ lässt sich die Zielfunktion mit nur einer Variablen schreiben:
   $$T(x) = mx(60^2 - x^2)$$
   mit $D =]0|60[$

5. *Berechnung der Extremwerte*
   Will man auch hier den Zusammenhang von x und T konkret veranschaulichen, so hat man zunächst einen bestimmten Wert für die Materialkonstante m festzulegen, z. B. m = 0,2.

a) Wertetafel und Graph

x	T(x)
0	0
5	3575
10	7000
15	10125
20	12800
25	14875
30	16200
35	16625
40	16000
45	14175
50	11000
55	6325
60	0

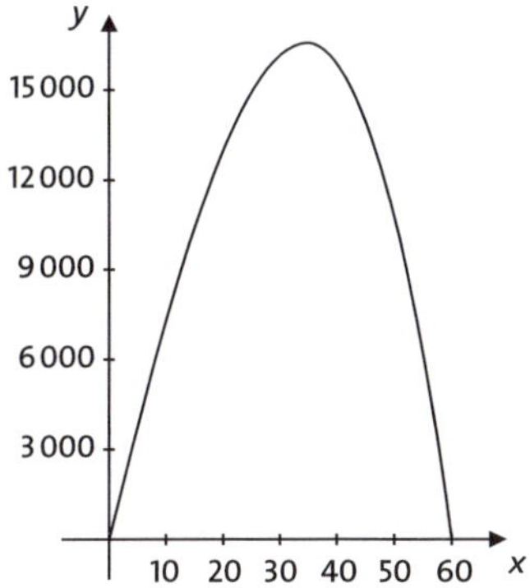

Maximale Tragfähigkeit – so Wertetafel und Graph – hat der Balken mit der Breite $x \approx 35$ cm.

b) Rechnerische Lösung

Die Ableitungen:

$T'(x) = [m(60^2x - x^3)]'$

$= m\,(60^2 - 3x^2)$

$T''(x) = [m(60^2 - 3x^2)]' = -\,6mx$

Bedingung für Extrema:

$T'(x) = 0 \Leftrightarrow m(60^2 - 3x^2) = 0$

$\Rightarrow x = \frac{60}{\sqrt{3}}$

$T''\left(\frac{60}{\sqrt{3}}\right) = -6m = \frac{60}{\sqrt{3}} < 0,$

da m eine positive Konstante ist. Wegen $T(0) = 0$ und $T(60) = 0$ kommen Randwerte als Maxima nicht in Betracht.

Der Balken maximaler Tragfähigkeit muss $= \frac{60}{\sqrt{3}}$ cm $\approx 34{,}6$ cm breit und $60\sqrt{\frac{2}{3}}$ cm ≈ 49 cm hoch sein.

6. Roter Faden

Wie löst man Extremalprobleme?

1. Problemstellung	Wichtigster Schritt auf dem Weg zur Lösung ist ein klares Verständnis der Problemstellung: Um was geht es? Was ist gegeben? Was ist gesucht? Welche Größen spielen eine Rolle? Welche Abhängigkeiten lassen sich erkennen? Skizzen und Beispiele sind dabei sehr hilfreich.
2. Zielfunktion	Ergebnis dieser Vorbereitung muss sein, klar anzugeben, was das Ziel ist: Welche Größe ist zu maximieren bzw. zu minimieren? Welche Variablen haben darauf einen Einfluss? Wie lassen sich diese Abhängigkeiten fassen? Die formelmäßige Fasung dieses Zusammenhangs ergibt die **Zielfunktion;** sie ist meist eine Funktion von mehreren Variablen.
3. Nebenbedingungen	Die Variablen der Zielfunktion sind meist nicht unabhängig voneinander und deshalb nicht allesamt frei wählbar. Welche Abhängigkeiten bestehen? Die formelmäßige Fassung dieser Abhängigkeiten ergibt die **Nebenbedingungen.**
4. Reduzierung auf eine Variable	Die Nebenbedingungen werden genutzt, die Anzahl der Variablen in der Zielfunktion **auf eine Variable** zu reduzieren. Bedeutungszusammenhang und formelmäßige Darstellung erlauben, den **Definitionsbereich** der Zielfunktion zu bestimmen.
5. Berechnung der Extremwerte	Mithilfe der **1. und 2. Ableitung** werden die Extremstellen im Innern des Definitionsbereichs berechnet und die Art der Extremstellen bestimmt. Danach werden die **Randwerte** untersucht. Der Vergleich zeigt, ob das Extremum im Innern oder am Rand liegt. Und noch eines: Gelegentlich ist es einfacher, statt f die Funktion $c \cdot f$ oder f^2 zu untersuchen. Die Extrema von f, $c \cdot f$, f^2 liegen – wenn c bzw. f positiv sind – an gleicher Stelle.

7. Übungen

1. a) Auf einem großen, freien Weideland soll eine rechteckige Koppel eingerichtet werden. Für die Umzäunung stehen 500 m Zaun zur Verfügung. Bei welchen Abmessungen wird die Koppel möglichst groß?

b) Ein anderer Bauer will eine rechteckige Koppel von 5000 m^2 einzäunen. Bei welchen Abmessungen braucht er möglichst wenig Zaun?

2. a) Es soll eine rechteckige Koppel von 4800 m^2 eingezäunt und dann in 2 Weiden unterteilt werden. Die Kosten für den Zaun betragen 20 Euro pro Meter. Welche Abmessungen muss die Koppel haben, damit die Zaunkosten möglichst gering ausfallen.

b) Nehmen wir nun an, dass die Kosten für die äußere Umzäunung 25 Euro pro Meter, die für die Unterteilung 15 Euro pro Meter betragen. Welche Abmessungen wird man jetzt wählen?

3. Es soll ein rechteckiger Garten angelegt und eingezäunt werden. Eine 40 m lange Mauer steht bereits und soll in ganzer Länge als Einzäunung genutzt werden. Die zusätzliche Umzäunung soll 80 m betragen. Wie sind die Abmessungen zu wählen, damit die Gartenfläche möglichst groß wird?

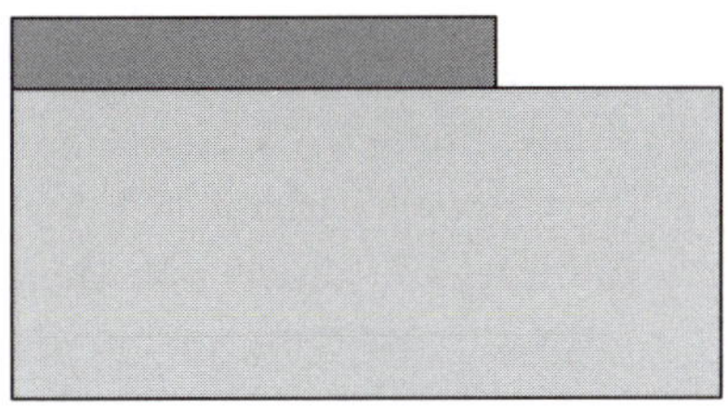

4. a) Aus einem Karton der Größe 16 cm · 10 cm wird eine oben offene Schachtel hergestellt, indem an den Ecken gleiche Quadrate herausgeschnitten werden. Wie lang, wie breit, wie hoch ist die Schachtel größten Volumens?

b) Jetzt wird aus dem Karton der Größe 16 cm · 10 cm eine geschlossene Schachtel hergestellt, indem vier Quadrate herausgeschnitten werden. Wie lang, wie breit, wie hoch ist jetzt die Schachtel größten Volumens?

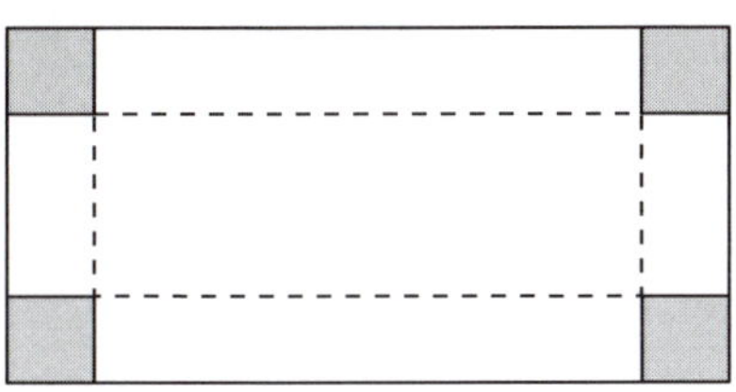

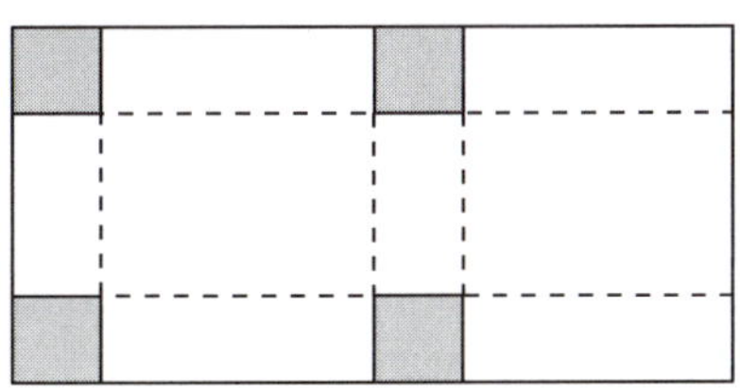

5. Eine geschlossene quaderförmige Kiste soll doppelt so lang wie breit sein.

a) Ihr Volumen soll 9 m^3 betragen. Bei welchen Abmessungen hat sie die geringste Oberfläche?

b) Ihre Oberfläche soll 27 m^3 betragen. Bei welchen Abmessungen hat sie ihr größtes Volumen?

c) Ihr Volumen soll 9 m^3 betragen. Das Oberteil wird aus Metall hergestellt und kostet 20 Euro pro m^2. Der Rest wird aus Holz hergestellt und kostet 10 Euro pro m^2. Bei welchen Abmessungen sind die Kosten minimal?

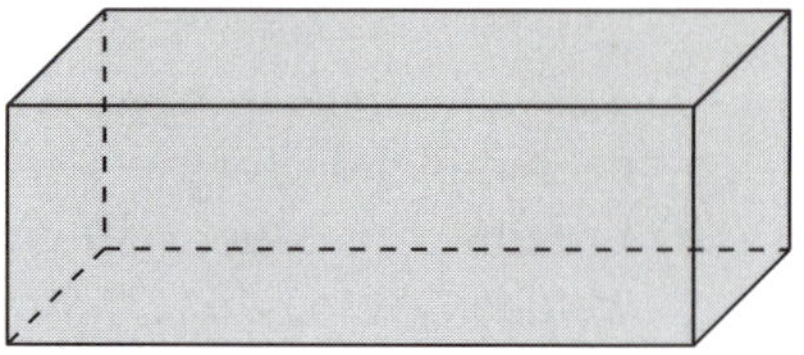

6. Ein Radfahrer will von A nach B. Auf der geradlinigen Straße A C fährt er mit der Geschwindigkeit 15 $\frac{km}{h}$. In dem Gelände seitwärts muss er zu Fuß gehen, er kommt mit 5 $\frac{km}{h}$ voran. An welcher Stelle X sollte er die Straße verlassen und zu Fuß weitergehen, um möglichst schnell nach B zu gelangen?

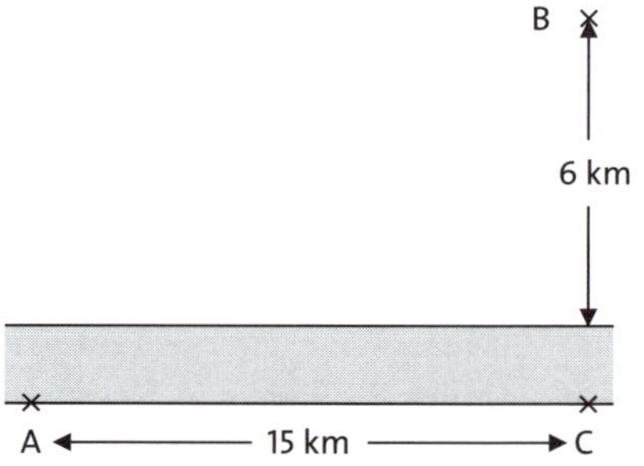

7. Eine Firma inseriert regelmäßig in einer Tageszeitung im Format 15 cm · 6 cm. Die Zeitung verlangt 5 Euro pro Quadratzentimeter – auch für den freien Rand ringsum, der mindestens 1 cm breit sein muss. Die Firmenleitung überlegt:

a) Lässt sich in einem Inserat anderen Formats bei gleichen Kosten gleich viel oder gar mehr Text unterbringen?

b) Lassen sich in einem Inserat anderen Formats bei gleichem Text die Kosten verringern?

8. Eine Kurve wird beschrieben durch $y = -\frac{1}{5}x^2 + 5$.

a) Welche Kurvenpunkte haben zum Nullpunkt (0|0) die geringste Entfernung?

b) Welche Kurvenpunkte haben zum Punkt (0|–5) die geringste Entfernung?

9. In Abschnitt 1 wurde mit Wertetafel und Graph untersucht, bei welchen Abmessungen das Volumen eines zylinderförmigen Paketes möglichst groß wird, falls Länge und Umfang zusammen 120 cm betragen. Berechnen Sie die exakte Lösung des Extremwertproblems.

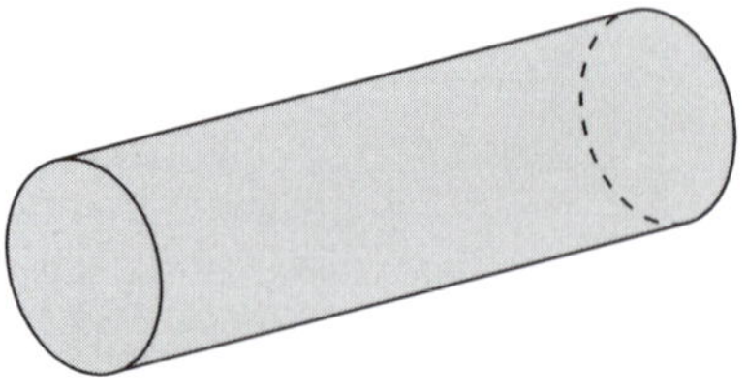

Lösungsheft

Besser in Mathe Differentialrechnung Oberstufe

von Benno Mohry

Cornelsen
SCRIPTOR

2. Wie steil?

Seite 19

1. a)

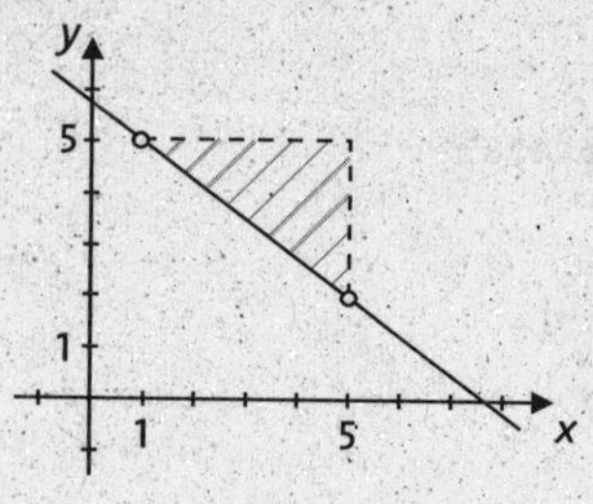

$y = mx + n$

$m = -\frac{3}{4}$

$y = -\frac{3}{4}x + n$

(1|5) liegt auf der Geraden.

$5 = -\frac{3}{4} \cdot 1 + n$, also

$y = -\frac{3}{4}x + \frac{23}{4}$

b) $y = -x - 7$

c) $y = \frac{2}{5}x - 2$

2.

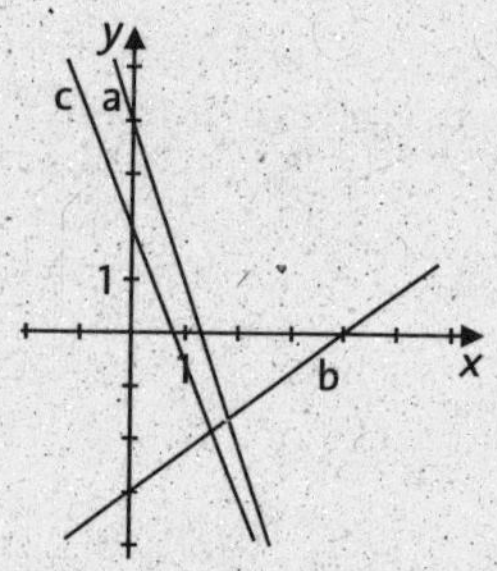

a) $y = -3x + 4 \Rightarrow m = -3$

$A_1(2|-2)$; $A_2(20|-56)$; $A_3\left(\frac{2}{3}\middle|2\right)$; $A_4\left(\frac{4}{3}\middle|0\right)$

b) $y = \frac{3}{4}x - 3 \Rightarrow m = \frac{3}{4}$

$B_1\left(2\middle|-\frac{3}{2}\right)$; $B_2(20|12)$; $B_3\left(\frac{20}{3}\middle|2\right)$; $B_4(4|0)$

c) $y = -\frac{5}{2}x + 2 \Rightarrow m = -\frac{5}{2}$

$C_1(2|-3)$; $C_2(20|-48)$; $C_3(0|2)$; $C_4\left(\frac{4}{5}\middle|0\right)$

3. a)

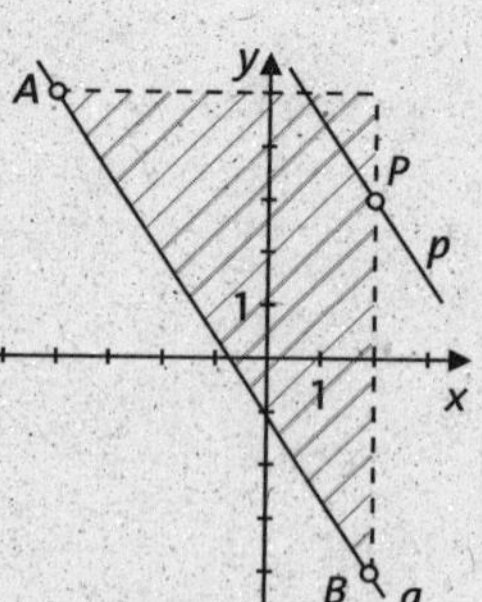

b) $m = -\frac{3}{2}$

c) $y = -\frac{3}{2}x + 1$

d) Schnittstelle mit der y-Achse bedeutet $x = 0$,
d. h. $y = -1$.
Schnittstelle mit der x-Achse bedeutet $y = 0$,
d. h. $x = -\frac{2}{3}$.

e) $y = -\frac{3}{2}x + 6$

4. a)

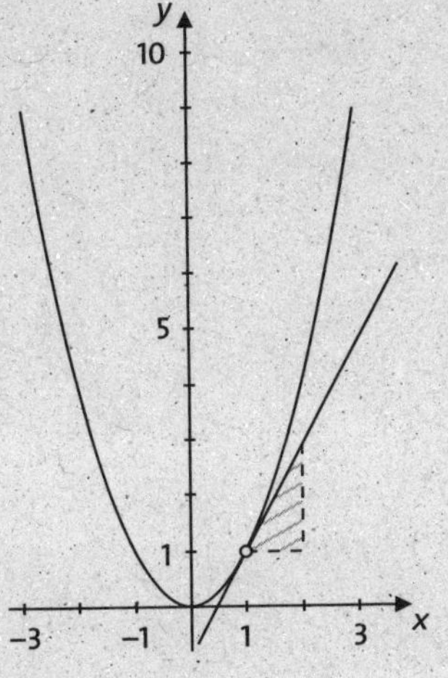

b1) $m_1 = \frac{\Delta y}{\Delta x} = \frac{(1+1)^2 - (1-1)^2}{(1+1) - (1-1)} = \frac{4}{2} = 2$

b2) $m_2 = \frac{\Delta y}{\Delta x} = \frac{\left(1+\frac{1}{2}\right)^2 - \left(1-\frac{1}{2}\right)^2}{\left(1+\frac{1}{2}\right) - \left(1-\frac{1}{2}\right)} = \frac{2}{1} = 2$

b3) $m_3 = \frac{\Delta y}{\Delta x} = \frac{\left(1+\frac{1}{10}\right)^2 - \left(1-\frac{1}{10}\right)^2}{\left(1+\frac{1}{10}\right) - \left(1-\frac{1}{10}\right)} = \frac{\frac{40}{100}}{\frac{2}{10}} = 2$

b4) $m_4 = \frac{\Delta y}{\Delta x} = \frac{\left(1+\frac{1}{100}\right)^2 - \left(1-\frac{1}{100}\right)^2}{\left(1+\frac{1}{100}\right) - \left(1-\frac{1}{100}\right)} = \frac{\frac{400}{10000}}{\frac{2}{100}} = 2$

b5) $m = 2$ – was denn sonst?

3. Grenzwerte

Seite 23

1. a) $f_1 = \frac{1}{4}$; $f_2 = f_1 + \frac{1}{4^2} = f_1 + \frac{1}{2^4}$; $f_3 = f_2 + \frac{1}{8^2} = f_2 + \frac{1}{2^6}$; $f_4 = f_3 + \frac{1}{16^2} = f_3 + \frac{1}{2^8}$;
$f_5 = f_4 + \frac{1}{32^2} = f_4 + \frac{1}{2^{10}}$; $f_{17} = f_{16} + \frac{1}{2^{34}}$; $f_n = f_{n-1} + \frac{1}{2^{2n}}$

b) $f_1 = 0{,}25$; $f_2 = 0{,}3125$; $f_3 = 0{,}328125$; $f_4 = 0{,}332031$; $f_5 = 0{,}333008$
Es sieht so aus, als strebten die f_n gegen $0{,}333333333\ldots = \frac{1}{3}$.

c) $f_1 = \frac{1}{4} = \frac{4-1}{3 \cdot 4} = \frac{1}{3} - \frac{1}{3 \cdot 4}$; $f_2 = \left(\frac{1}{3} - \frac{1}{3 \cdot 4}\right) + \frac{1}{2^4} = \frac{1}{3} - \frac{1}{3 \cdot 2^4}$;
$f_3 = \left(\frac{1}{3} - \frac{1}{3 \cdot 2^4}\right) + \frac{1}{2^6} = \frac{1}{3} - \frac{1}{3 \cdot 2^6}$;
$f_4 = \left(\frac{1}{3} - \frac{1}{3 \cdot 2^6}\right) + \frac{1}{2^8} = \frac{1}{3} - \frac{1}{3 \cdot 2^8}$; $f_n = \frac{1}{3} - \frac{1}{3 \cdot 2^{2n}}$
Man erkennt, dass die Folgeglieder f_n der Zahl $\frac{1}{3}$ beliebig nahe kommen.

d) Die Abbildung zeigt: $\left(f_1 + \frac{1}{2}f_1\right) + \left(f_2 + \frac{1}{2}f_2\right) + \left(f_3 + \frac{1}{2}f_3\right) + \left(f_4 + \frac{1}{2}f_4\right) + \ldots = \frac{1}{2}$;
d. h.: $\frac{3}{2}(f_1 + f_2 + f_3 + f_4 + \ldots) = \frac{1}{2}$. Daraus folgt: $f_1 + f_2 + f_3 + f_4 + \ldots = \frac{1}{3}$.

2. a) $a_7 = \frac{7}{15}$; $a_8 = \frac{8}{17}$; $a_{10} = \frac{10}{21}$; $a_{100} = \frac{100}{201}$; $a_{1000} = \frac{1000}{2001}$; $a_{1996} = \frac{1996}{3993}$; $a_n = \frac{n}{2n+1}$

b) $a_1 = 0{,}333333\ldots$; $a_2 = 0{,}4$; $a_3 = 0{,}428571\ldots$; $a_5 = 0{,}454545\ldots$; $a_6 = 0{,}461538\ldots$;
$a_{10} = 0{,}476190\ldots$; $a_{100} = 0{,}497512\ldots$; $a_{1000} = 0{,}499750\ldots$; $a_{1996} = 0{,}499874\ldots$;
$\lim\limits_{n \to \infty} a_n = 0{,}5$

c) $a_n = \frac{n}{2n+1} = \frac{1}{2 + \frac{1}{n}}$. Man erkennt: Mit wachsendem n strebt a_n gegen $\frac{1}{2}$.

3. a) Bewegt man sich längs des Graphen von links auf x = 2 zu, dann kommt man in (2|2) an.
Bewegt man sich dagegen von rechts auf x = 2 zu, dann kommt man in (2|0) an. Es ist also $\lim\limits_{x \to 2l} f(x) = 2$ und $\lim\limits_{x \to 2r} f(x) = 0$.

b) $\lim\limits_{x \to 2l} f(x) = \frac{1}{2}$ und lim $\lim\limits_{x \to 2r} f(x) = \frac{1}{2}$

c) $\lim\limits_{x \to 2l} f(x) = 1$ und $\lim\limits_{x \to 2r} f(x) = 2$

Seite 24

4. a)

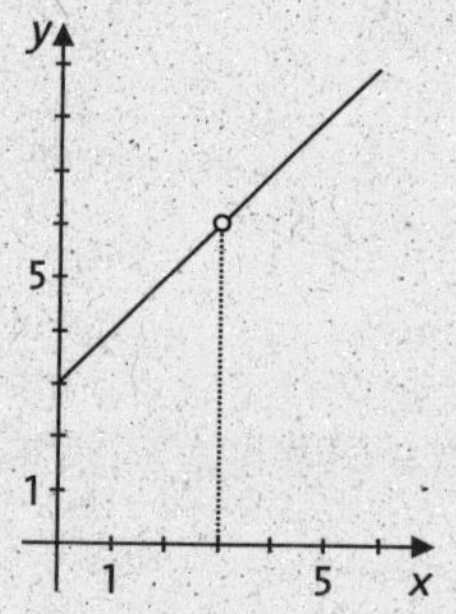

$f(x) \to 6$, wenn $x \to 3$

b)

x	2,9	2,99	2,999	…	3,001	3,01	3,1
y	5,9	5,99	5,999	…	6,001	6,01	6,1

Für $x \to 3$ gilt $y \to 6$; d. h. $\lim\limits_{x \to 3} f(x) = 6$.

c) $f(x) = \frac{x^2 - 9}{x - 3} = \frac{(x+3)(x-3)}{x - 3}$; d. h.

$\lim\limits_{x \to 3} f(x) = \lim\limits_{x \to 3} (x+3) = 6$.

5. a) $\lim\limits_{x \to 1} \frac{x^2 + 1}{x^2 - 1} = \infty$ Die Werte $\frac{x^2 + 1}{x^2 - 1}$ wachsen unbegrenzt, wenn x gegen 1 strebt.

b) $\lim\limits_{x \to 0} \frac{x^2 + 1}{x^2 - 1} = -1$

c) $\lim\limits_{x \to \infty} \frac{x^2 + 1}{x^2 - 1} = 1$

4. Sekanten und Tangenten

Seite 34

1. wahr: a; d; e
falsch: b; c

2. a)

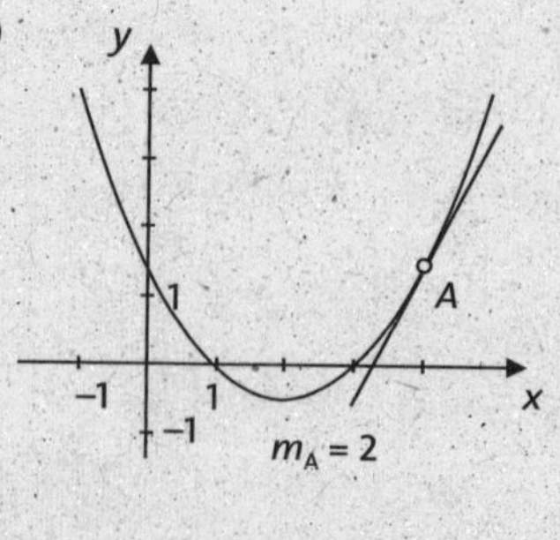

b)

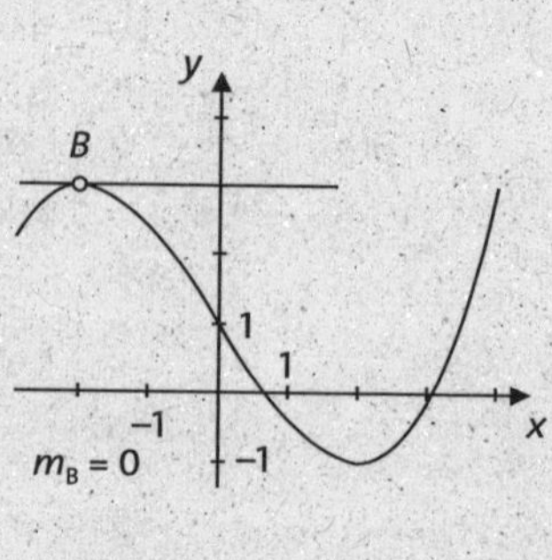

c)

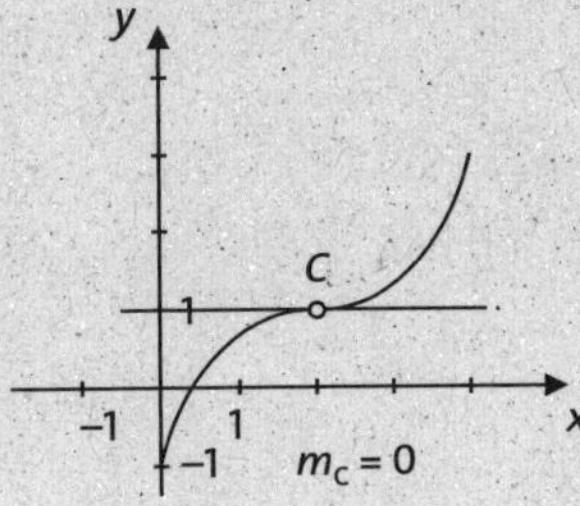

d)

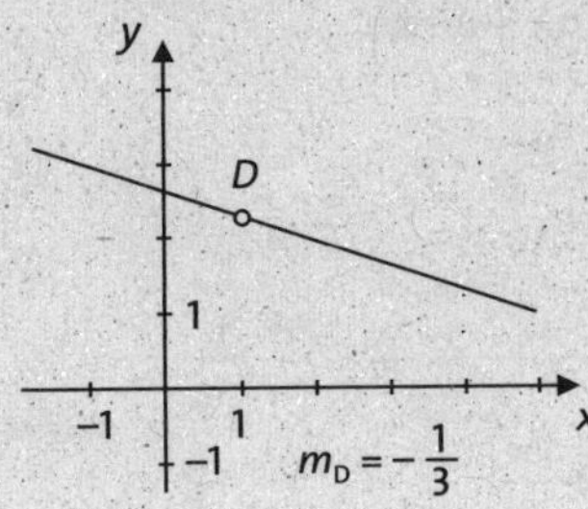

e)

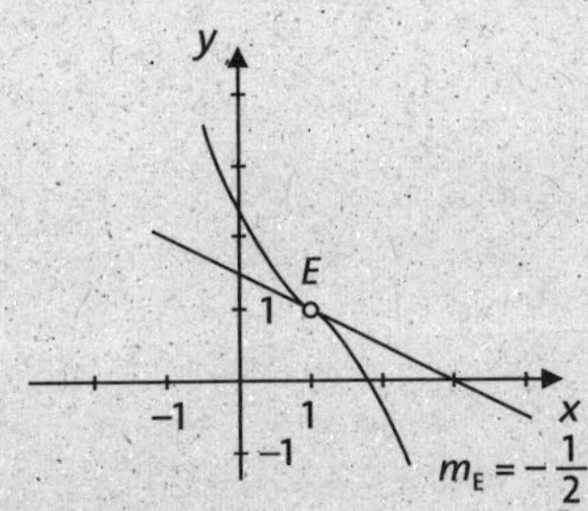

f)

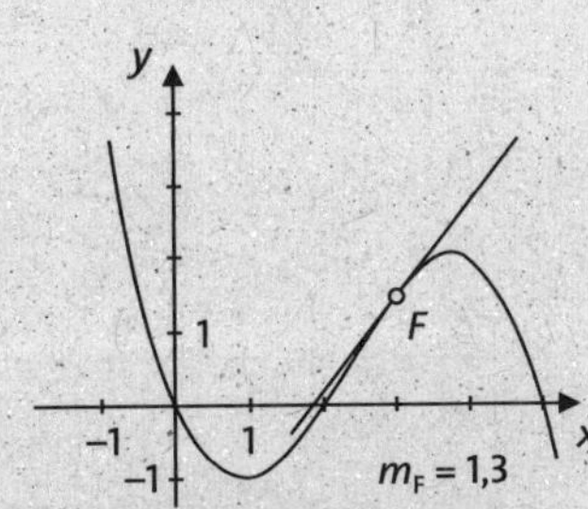

Seite 35

3. möglich: b; c; d; f; i; j
unmöglich: a; e; g; h

4.

f'(x)	–2	–1	0	1	2
x	–6; +6	–4; +4	–3; +3	–2; +3	0

5. a)

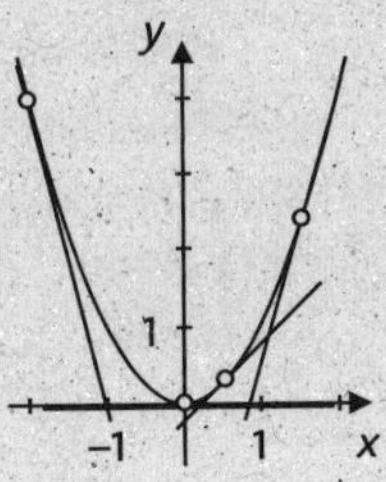

b) $m_A \approx -4$; $m_B = 0$; $m_C \approx 1$; $m_D \approx 3$

c) $f'(-2) = \lim\limits_{\Delta x \to 0} \frac{\Delta y}{\Delta x} = \lim\limits_{\Delta x \to 0} \frac{f(-2 + \Delta x) - f(-2)}{\Delta x}$

$= \lim\limits_{\Delta x \to 0} \frac{(-2 + \Delta x)^2 - (-2)^2}{\Delta x} = -4$

$f'(0) = \lim\limits_{\Delta x \to 0} \frac{\Delta y}{\Delta x} = \lim\limits_{\Delta x \to 0} \frac{f(0 + \Delta x) - f(0)}{\Delta x}$

$= \lim\limits_{\Delta x \to 0} \frac{(0 + \Delta x)^2 - (0)^2}{\Delta x} = 0$

$f'(0{,}5) = \lim\limits_{\Delta x \to 0} \frac{\Delta y}{\Delta x} = \lim\limits_{\Delta x \to 0} \frac{f(0{,}5 + \Delta x) - f(0{,}5)}{\Delta x}$

$= \lim\limits_{\Delta x \to 0} \frac{(0{,}5 + \Delta x)^2 - (0{,}5)^2}{\Delta x} = 1$

$f'(1{,}5) = \lim\limits_{\Delta x \to 0} \frac{\Delta y}{\Delta x} = \lim\limits_{\Delta x \to 0} \frac{f(1{,}5 + \Delta x) - f(1{,}5)}{\Delta x}$

$= \lim\limits_{\Delta x \to 0} \frac{(1{,}5 + \Delta x)^2 - (1{,}5)^2}{\Delta x} = 3$

5. Potenzfunktionen

Seite 41

1. a) $f'(5) = 75$ **b)** $f'(5) = -\frac{3}{625}$

2. a)

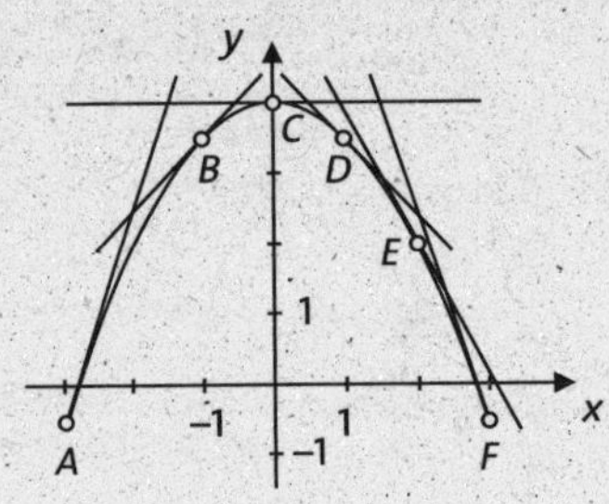

b)

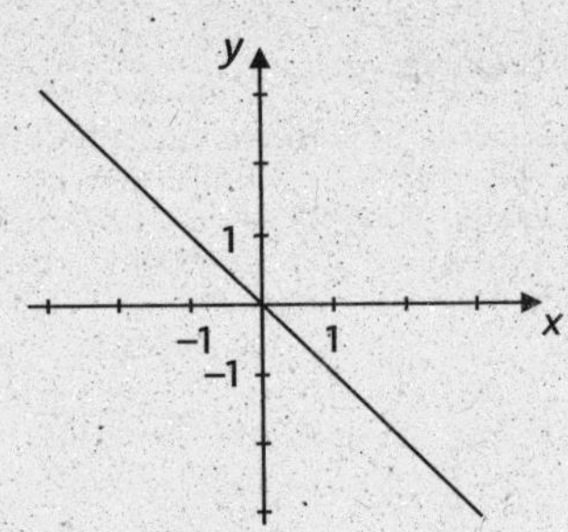

c)

x	–3	–2	–1	0	1	2	3
f′(x)	3	2	1	0	–1	–2	–3

d) $f'(x) = -x$

e) f muss ein Polynom 2. Grades sein, da f′ vom Grade 1 ist: $f(x) = ax^2 + bx + c$.

$f'(x) = 2ax + b$ und $f'(x) = -x \Rightarrow a = -\frac{1}{2}$, $b = 0$, d. h. $f(x) = -\frac{1}{2}x^2 + c$.

Wegen $(0|4) \in f$ ist $4 = -\frac{1}{2} \cdot 0^2 + c \Rightarrow f(x) = -\frac{1}{2}x^2 + 4$.

3.

	$(x^3)' = 3x^2$	$(x^2)' = 2x$	$(x^1)' = 1$	$(x^{-1})' = -x^{-2}$	$(x^{-2})' = -2x^{-3}$	$(x^{-3})' = -3x^{-4}$
x = 2	12	4	1	$-\frac{1}{4}$	$-\frac{1}{4}$	$-\frac{3}{16}$
x = 0,1	0,03	0,2	1	–100	–2000	–30000
x = –1	3	–2	1	–1	2	–3
x = –5	75	–10	1	$-\frac{1}{25}$	$\frac{2}{125}$	$-\frac{3}{625}$

4. a)

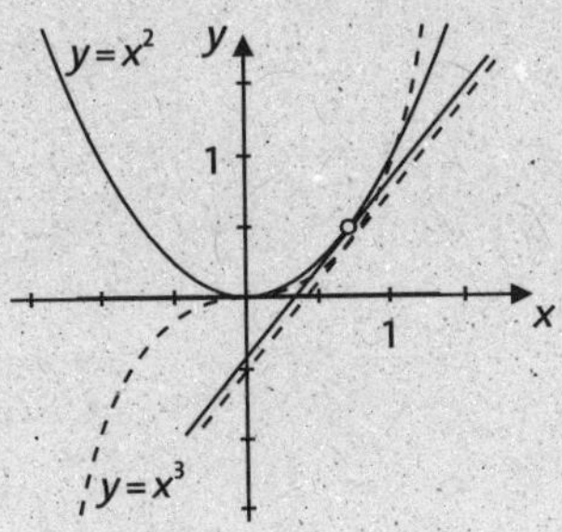

Parallele Tangenten: bei $x = 0$ (natürlich!) und bei $x \approx 0{,}6$

Rechnung: $p_2'(x) = 3x^2 = p_3'(x)$

$\Rightarrow 2x = 3x^2 \Rightarrow x = 0 \vee x = \frac{2}{3}$

t_0: $y = 0$

$t_{\frac{2}{3}}$: $y_2 = \frac{4}{3}x - \frac{4}{9}$ bzw.

$y_3 = \frac{4}{3}x - \frac{16}{27}$

b)

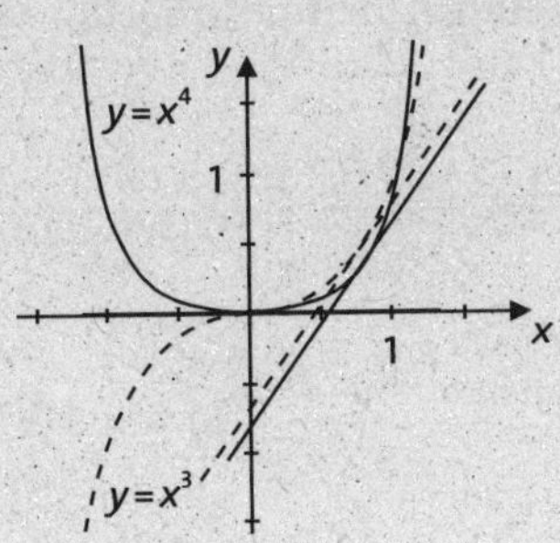

Parallele Tangenten: bei $x = 0$ (natürlich!) und bei $x \approx 0{,}7$

Rechnung: $p_3'(x) = p_4'(x)$

$\Rightarrow 3x^2 = 4x^3 \Rightarrow x = 0 \vee x = \frac{3}{4}$

t_0: $y = 0$

$t_{\frac{3}{4}}$: $y_3 = \frac{27}{16}x - \frac{27}{32}$ bzw.

$y_4 = \frac{27}{16}x - \frac{243}{256}$

5. $f'(x) = \lim\limits_{\Delta x \to 0} \frac{\Delta y}{\Delta x} = \lim\limits_{\Delta x \to 0} \frac{f(x + \Delta x) - f(x)}{\Delta x}$

$= \lim\limits_{\Delta x \to 0} \frac{(x+\Delta x)^4 - x^4}{\Delta x} = \lim\limits_{\Delta x \to 0} \frac{4x^3\Delta x + 6x^2\Delta x^2 + 4x\Delta x^3 + \Delta x^4}{\Delta x} = 4x^3$

6. a)

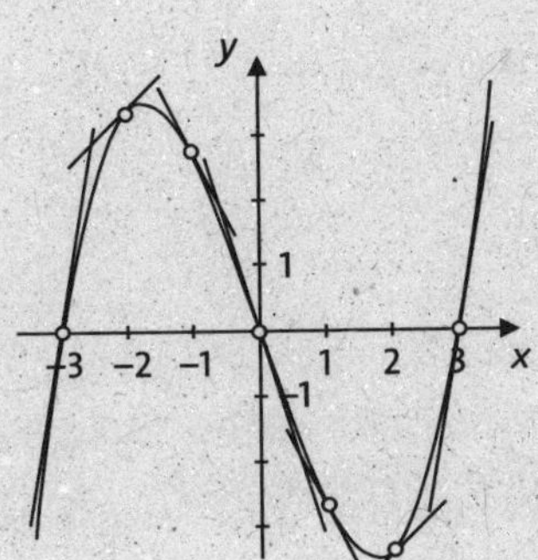

b)

	x	–3	–2	–1	0
Graph	f′(x)	6	1	–2	–3
Rechnung	f′(x)	6	1	–2	–3

	x	1	2	3
Graph	f′(x)	–2	1	6
Rechnung	f′(x)	–2	1	6

Die rechnerischen Werte ergeben sich aus $f'(x) = x^2 - 3$.

6. Fundamentale Ableitungsregeln

Seite 50

1.

$f'(3)$	$f'(3^2)$	$f'(3^3)$	$f'(5^3)$	$f'(3^{-1})$	$f'(-3^{-1})$	$f'(-5^{-3})$	$f'(-3^{-3})$	$f'(-3)$
27	243	2187	46875	3^{-1}	3^{-1}	$3 \cdot 5^{-6}$	3^{-5}	27

2. a) $y' = 0$ **b)** $y' = 24x^3$ **c)** $y' = x^2 + \sqrt{3}$

d) $y' = 6x - \frac{4}{x^3}$ **e)** $y' = -\frac{9}{x^4} - \frac{16}{x^5} - \frac{25}{x^6}$ **f)** $y' = \frac{1}{\sqrt{x}} + \frac{3}{x\sqrt{x}} - \frac{4}{x^2\sqrt[3]{x}}$

3. a) $y' = (x + x^2)(-2x) + (1 + 2x)(1 - x^2)$

b) $y' = (1 + 2x + 3x^2)(-2 - 6x) + (2 + 6x)(1 - 2x - 3x^2)$

c) $y' = \left(2x - \frac{2}{x}\right)\left(2x - \frac{2}{x^3}\right) + \left(2 + \frac{2}{x^2}\right)\left(x^2 + \frac{1}{x^2}\right)$ **d)** $y' = \frac{x^2 - 2x - 1}{(1 + x^2)^2}$

e) $y' = \frac{1 - x}{2\sqrt{x}(1 + x)^2}$ **f)** $y' = \frac{1}{\sqrt{x}(1 - \sqrt{x})^2}$

4. a) $y' = 5(1 + 10x + 200x^2)^4(10 + 400x)$ **b)** $y' = 2\left(x^4 - 1 + \frac{1}{x^4}\right)\left(4x^3 - \frac{4}{x^5}\right)$

c) $y' = 3\left(\frac{1}{2x^2 + 3}\right)\frac{(-4x)}{(2x^2 + 3)^2}$ **d)** $y' = \frac{x + 2}{\sqrt{x^2 + 4x + 5}}$

e) $y' = \sqrt{\frac{x + 1}{x - 1}}\,\frac{1}{(x + 1)^2}$ **f)** $y' = \frac{1}{4\sqrt{1 + \sqrt{1 + x}}\;4\sqrt{1 + x}}$

5. a) $y' = 10(x^2 - 5)(2x + 3)^4 + 2x(2x + 3)^5$ **b)** $y' = -12x^2\sqrt{3x + 1}\,(3 - x^3)^3 + \frac{3(3 - x^3)^4}{2\sqrt{3x + 1}}$

c) $y' = \frac{-12x^3 + 18x}{(x^4 - 3x^2 + 2)^4}$ **d)** $y' = \sqrt{\frac{x + 5}{x - 5}} \cdot \frac{5}{(x + 5)^2}$

e) $y' = \frac{1}{8\sqrt{x + \sqrt{x + \sqrt{x}}}\;\sqrt{x + \sqrt{x}}\;\sqrt{x}}$ **f)** $y' = \frac{1}{27\sqrt[3]{(x + \sqrt[3]{x + \sqrt[3]{x}})^2}\;\sqrt[3]{(x + \sqrt[3]{x})^2}\;\sqrt[3]{x^2}}$

6. a) Wegen $(x^4)' = (x^3 \cdot x)'$ folgt mit der Produktregel:
$(x^4)' = (x^3 \cdot x)' = x^3 \cdot 1 + 3x^2 \cdot x = 4x^3$.

b) Wegen $(x^5)' = (x^4 \cdot x)'$ folgt mit der Produktregel:
$(x^5)' = (x^4 \cdot x)' = x^4 \cdot 1 + 4x^3 \cdot x = 5x^4$.

c) Wegen $(x^{n+1})' = (x^n \cdot x)'$ folgt mit der Produktregel:
$(x^{n+1})' = (x^n \cdot x)' = x^n \cdot 1 + nx^{n-1} \cdot x = (n + 1)x^n$.

7. a) Die Idee: Das Produkt von 3 Funktionen wird als Produkt von 2 Funktionen dargestellt:

$p'(x) = ([f(x)g(x)]h(x))' = [f(x)g(x)]h'(x) + [f(x)g(x)]'h(x)$
$= f(x)g(x)h'(x) + f(x)g'(x)h(x) + f'(x)g(x)h(x)$

b) Die Idee: Das Produkt von 4 Funktionen wird als Produkt von 2 Funktionen dargestellt:

$q'(x) = ([f(x)g(x)h(x)]k(x))' = [f(x)g(x)h(x)]k'(x) + [f(x)g(x)h(x)]'k(x)$
$= f(x)g(x)h(x)k'(x) + f(x)g(x)h'(x)k(x) + f(x)g'(x)h(x)k(x) + f'(x)g(x)h(x)k(x)$

7. Trigonometrische Funktionen

Seite 55

1. a)

α_g im Gradmaß	0°	10°	30°	36°	55°	200°	360°	1000°
α_b im Bogenmaß	0	$\frac{\pi}{18}$	$\frac{\pi}{6}$	$\frac{\pi}{5}$	$\frac{11\pi}{36}$	$\frac{10\pi}{9}$	2π	$\frac{50\pi}{9}$

b)

α_b im Bogenmaß	0	$\frac{\pi}{180}$	$\frac{\pi}{20}$	$\frac{\pi}{8}$	$\frac{5\pi}{9}$	1	2,7	10
α_g im Gradmaß	0°	1°	9°	22,5°	100°	$\frac{180°}{\pi}$	$\frac{2{,}7 \cdot 180°}{\pi}$	$\frac{1800°}{\pi}$

c) Die Umrechnung: $\frac{\alpha_b}{\alpha_g} = \frac{\pi}{180°}$ bzw. $\frac{\alpha_g}{\alpha_b} = \frac{180°}{\pi}$

2. Graph der Ableitung: Kosinusbögen!

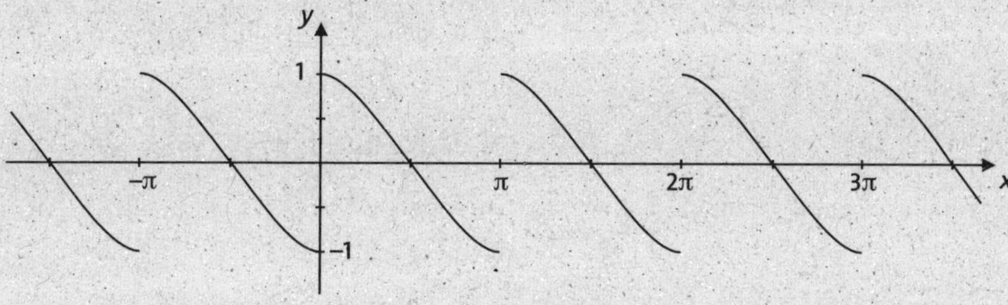

3. **a)** $a'(x) = 6 \cos(3x)$ **b)** $b'(x) = x^2\cos x + 2x \sin x$ **c)** $c'(x) = -\pi \sin(\pi x - \pi)$

d) $d'(x) = 2 \sin x \cos x$ **e)** $e'(x) = 2x \cos(x^2)$ **f)** $f'(x) = \frac{-2x}{\cos^2(1 - x^2)}$

g) $g'(x) = \frac{x - \sin x \cos x}{x^2\cos^2 x}$ **h)** $h'(x) = \frac{-1}{2\sqrt{\cot x}\, \sin^2 x}$ **i)** $i'(x) = -\frac{1}{\sin^2\sqrt{x}} \cdot \frac{1}{2\sqrt{x}}$

4. **a)** $a'(x) = (x^3 + 5x^2 - 3) \cos x + (3x^2 + 10x) \sin x$

b) $b'(x) = -\sin 3x \sin x + 3 \cos 3x \cos x$

c) $c'(x) = 2 \sin x \cos x - 2 \cos x \sin x = 0$ **d)** $d'(x) = -\cos(\cos x) \cdot \sin x$

e) $e'(x) = 3 \sin^2 x \cos x - 8 \sin 2x$ **f)** $f'(x) = -\frac{1}{\cos^2(\cot x) \cdot \sin^2 x}$

g) $g'(x) = 0$ **h)** $h'(x) = \frac{1}{\sqrt{\tan 2x + \cot 4x}}\left(\frac{1}{\cos^2 2x} - \frac{2}{\sin^2 4x}\right)$

i) $$i'(x) = \frac{\pi \tan(x + \pi)\cos \pi x - \sin \pi x \frac{1}{\cos^2(x + \pi)}}{\tan^2(x + \pi)}$$

5. a) $\cos' x = \sin'\left(x + \frac{\pi}{2}\right) = \cos\left(x + \frac{\pi}{2}\right) = -\sin(x)$

b) $\cos' x = (\sqrt{1 - \sin x^2})' = \frac{-2\sin x \cos x}{2\sqrt{1 - \sin^2 x)}} = \frac{-2 \sin x \cos x}{2 \cos x} = -\sin x$

c) $\tan' x = \left(\frac{\sin x}{\sqrt{1 - \sin^2 x)}}\right)' = \frac{\sqrt{1 - \sin^2 x}\cos x - \sin x\,(-\sin x)}{1 - \sin^2 x} = \frac{\cos^2 x + \sin^2 x}{\cos^2 x} = \frac{1}{\cos^2 x}$

d) $\cot' x = \left(\frac{1}{\tan x}\right)' = \frac{-\frac{1}{\cos^2 x}}{\tan^2 x} = -\frac{1}{\sin^2 x}$

6. a)

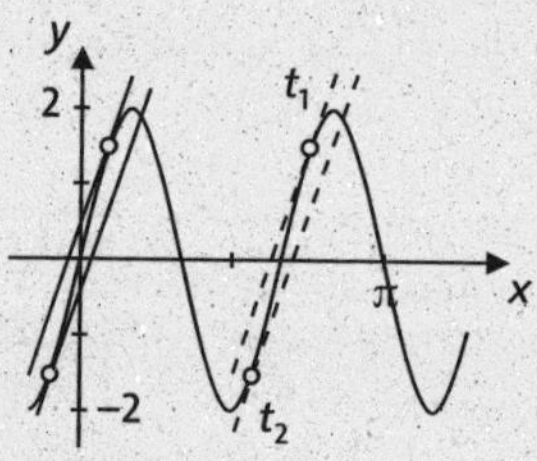

b) $f'(x) = (2 \sin 3x)' = 6 \cos 3x$

Der Anstieg in $x = \frac{\pi}{9}$ ist:

$f'\left(\frac{\pi}{9}\right) = 6 \cos \frac{\pi}{3} = 3.$

c) Die Tangentengleichung t: $y = 3x + n$.

Wegen $\left(\frac{\pi}{9}\middle| f\left(\frac{\pi}{9}\right)\right) = \left(\frac{\pi}{9}\middle|\sqrt{3}\right) \in t$ gilt:

$\sqrt{3} = 3 \cdot \frac{\pi}{9} + n.$

Also gilt für t: $y = 3x + \sqrt{3} - \frac{\pi}{3}$.

d) Parallele Tangenten sind z. B. t_1 und t_2. t_1: $y = 3x + \sqrt{3} - \frac{8\pi}{3}$;

t_2: $y = 3x\sqrt{3} - \frac{10\pi}{3}$.

8. Exponential- und Logarithmusfunktion

Seite 61

1. a)

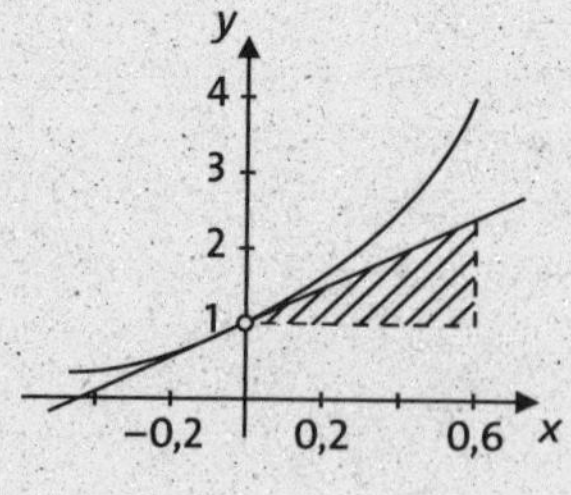

b) Der Zeichnung entnimmt man:

$m \approx \frac{1{,}4}{0{,}6} = 2{,}3.$

c) Tangentengleichung t: $y = mx + n$

Wegen $m \approx 2{,}3$ und $(0|1) \in$ t: $y \approx 2{,}3x + 1$.

d) $y = 10^x = e^{x \ln 10} \Rightarrow y' = \ln 10 \cdot 10^x$

$y'_1 = 10 \ln 10 \approx 23$

$y'_{10} = 10^{10} \ln 10 \approx 23\,000\,000\,000$

$y'_{-1} = 10^{-1} \ln 10 \approx 0{,}23$

$y'_{-10} = 10^{-10} \ln 10 \approx 0{,}000\,000\,000\,23$

2 a) $e^{2x} = \frac{20}{3} \Rightarrow x = \frac{1}{2} \ln \frac{20}{3} \approx 0{,}94856$ **b)** $e^{-0{,}3x} = \frac{1}{2} \Rightarrow x = \frac{\ln 2}{0{,}3} \approx 2{,}31$

c) $e^{4-2x} = 1 \Rightarrow x = 2$ **d)** $\frac{10^x}{5^x} = 2 \Rightarrow 2^x = 2 \Rightarrow x = 1$

e) $\ln x = \frac{5}{2} \Rightarrow x = e^{2{,}5} \approx 12{,}18$ **f)** $\ln(\ln 4x) = 0 \Rightarrow \ln 4x = 1 \Rightarrow x = \frac{e}{4} \approx 0{,}6796$

3 a) $y' = 4e^x$ **b)** $y' = 5e^x + 3x^2$ **c)** $y' = \ln 10 \cdot 10^x + \ln 0{,}1 \cdot 0{,}1^x$

d) $y' = \sin x\, e^x + \cos x\, e^x$ **e)** $y' = -2\, e^{3-x}$ **f)** $y' = x \frac{e^x}{2\sqrt{1+e^x}} + \sqrt{1+e^x}$

4. a) $y' = \frac{1}{x}$ **b)** $y' = 3 \frac{e}{ex + e^3}$ **c)** $y' = x + 2x \ln x$

d) $y' = 10^x \frac{1}{x \ln 10} + \ln 10 \cdot 10^x \lg x$ **e)** $y' = \frac{2x+4}{x^2+4x+4}$ **f)** $y' = \frac{1}{2x}$

5. a)

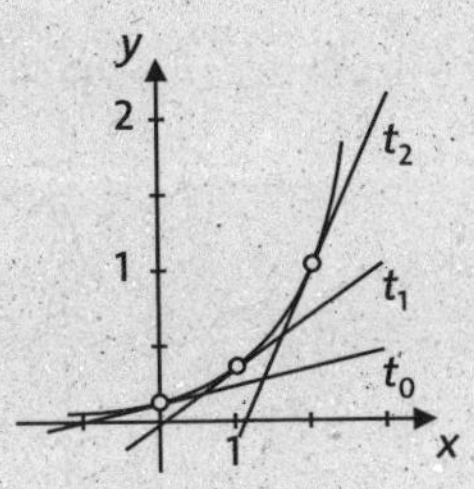

b) $y_0' \approx 0{,}1;\ y_1' \approx 0{,}3;\ y_2' \approx 1$

c) $y' = 0{,}05 \cdot \ln 10 \cdot 10^{0{,}5x}$
$y'_0 \approx 0{,}115$; $y_1' \approx 0{,}364$; $y_2' \approx 1{,}152$
Tangente t_0 bei $x = 0$: $y \approx 0{,}115x + 0{,}1$
Tangente t_1 bei $x = 1$: $y \approx 0{,}364x - 0{,}048$
Tangente t_2 bei $x = 2$: $y \approx 1{,}152x - 1{,}304$

9. Graphen und Ableitungen

Seite 68

1. a) und **b)** sind für alle x monoton wachsend.

2. Bei **a)** und **c)** ist der Anstieg überall wachsend.

3. Bei **a)** und **c)** ist die Ableitung überall positiv.

4. a) $H_1(-7|2)$ ist ein Maximum: $f(-7) = 2 \wedge f'(-7) = 0 \wedge f''(-7) < 0$
$H_2(0|10)$ ist Maximum: $f(0) = 10 \wedge f'(0) = 0 \wedge f''(0) < 0$
$H_3(7|2)$ ist Maximum: $f(7) = 2 \wedge f'(7) = 0 \wedge f''(7) < 0$
$T_1(-3|-6)$ ist Minimum: $f(-3) = -6 \wedge f'(-3) = 0 \wedge f''(-3) > 0$
$T_2(3|-6)$ ist Minimum: $f(3) = -6 \wedge f'(3) = 0 \wedge f''(3) > 0$
f ist steigend bis H_1: $f'(x) > 0$ für $x < -7$
f ist steigend zwischen T_1 und H_2: $f'(x) > 0$ für $-3 < x < 0$
f ist steigend zwischen T_2 und H_3: $f'(x) > 0$ für $3 < x < 7$
$W_1(-9|1{,}5)$ ist Wendepunkt: $f(-9) = 1{,}5 \wedge f''(-9) = 0 \wedge f'''(-9) \neq 0$
$W_2(-2|0{,}5)$ ist Wendepunkt: $f(-2) = 0{,}5 \wedge f''(-2) = 0 \wedge f'''(-2) \neq 0$
$W_3(2|0{,}5)$ ist Wendepunkt: $f(2) = 0{,}5 \wedge f''(2) = 0 \wedge f'''(2) \neq 0$
$W_4(9|1{,}5)$ ist Wendepunkt: $f(9) = 1{,}5 \wedge f''(9) = 0 \wedge f'''(9) \neq 0$
f ist zwischen W_1 und W_2 linksgekrümmt: $f''(x) > 0$ für $-9 < x < -2$
f ist zwischen W_3 und W_4 linksgekrümmt: $f''(x) > 0$ für $2 < x < 9$.

b)

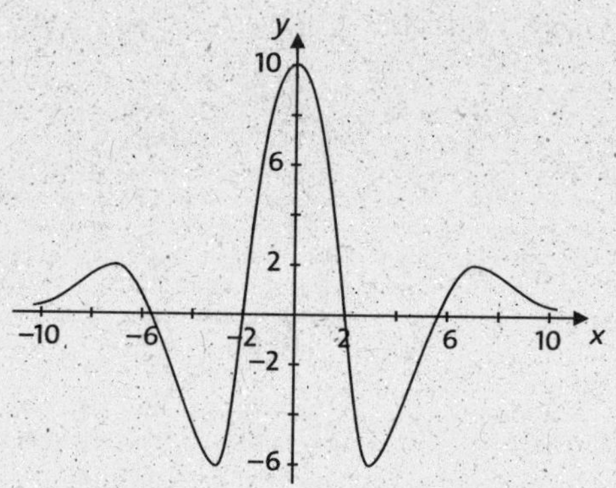

5. a) $f'(x) = 6x^2 - 4x - 16$; $f''(x) = 12x - 4$; $f'''(x) = 12$

Extrema: $f'(x) = 0 \Rightarrow 6x^2 - 4x - 16 = 0$

$\Rightarrow x = 2 \wedge x = -\frac{4}{3}$

$f''(2) > 0$; d. h. Minimum

$f''\left(-\frac{4}{3}\right) < 0$; d. h. Maximum

Wendestelle: $f''(x) = 0 \Rightarrow 12x - 4 = 0 \Rightarrow x = \frac{1}{3}$

$f'''\left(\frac{1}{3}\right) \neq 0$; d. h.: $x = \frac{1}{3}$ ist tatsächlich Wendestelle.

b) f ist steigend, wenn $f'(x) > 0$ ist, d. h.

$6x^2 - 4x - 16 > 0 \Rightarrow \left(x - \frac{1}{3}\right)^2 > \frac{25}{9} \Rightarrow x < -\frac{4}{3} \vee x > 2.$

c) f ist rechtsgekrümmt, wenn $f''(x) < 0 \Rightarrow x < \frac{1}{3}$.

d)

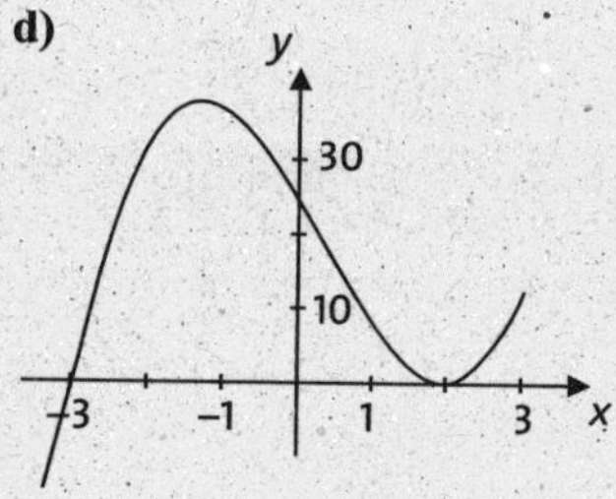

10. Kurvendiskussion

Seite 87

1. a) überall definiert
Nullstelle bei $x = 0$
punktsymmetrisch zum Nullpunkt
Minimum in $(-1|-2)$
Maximum in $(1|2)$
Wendepunkte in $(-\sqrt{3}|-\sqrt{3})$
und $(\sqrt{3}|\sqrt{3})$, $(0|0)$
Asymptote für große $|x|$: x-Achse

b) $D = R \setminus \{-2|2\}$
achsensymmetrisch zur y-Achse
Nullstellen bei $x = -1$ und $x = 1$
Maximum in $\left(0|\frac{1}{2}\right)$
für $x < 0$ überall steigend,
für $x > 0$ fallend
$y \rightarrow +\infty$ für $x \rightarrow 2$ von rechts
$y \rightarrow -\infty$ für $x \rightarrow 2$ von links
$y \rightarrow -\infty$ für $x \rightarrow -2$ von rechts
$y \rightarrow +\infty$ für $x \rightarrow -2$ von links
Asymptote für große $|x|$: $y = 2$

Seite 88

2.

f
r
r
f
f
r
f
r
r
f

3.

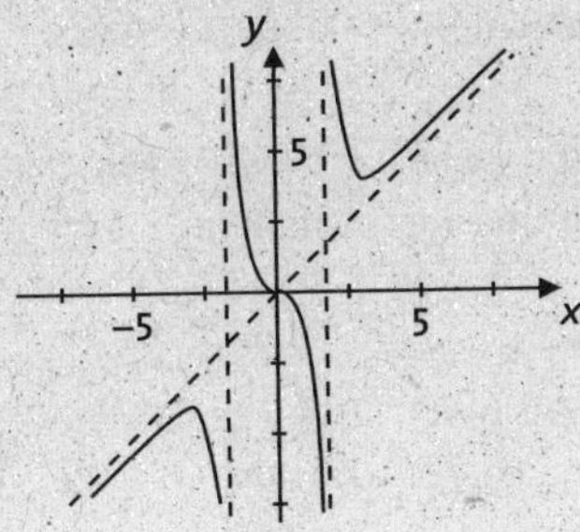

4. a) Definitionsbereich: $D = \mathbb{R}$

Nullstellen: $a(x) = 0 \Rightarrow \frac{1}{4}x\,(x^2 - 12x + 36) = 0 \Rightarrow x = 0,\; x = 6$

Symmetrie: $-a(x) \neq a(-x) \Rightarrow$ nicht punktsymmetrisch zu (0|0)

$a(x) \neq a(-x) \Rightarrow$ nicht achsensymmetrisch zur y-Achse

Asymptotisches Verhalten:

$a(x) = x^3\left(\frac{1}{4} - \frac{3}{x} + \frac{9}{x^2}\right) \Rightarrow a(x) \to +\infty$ für $x \to +\infty$

$a(x) \to -\infty$ für $x \to -\infty$

Extrema: $a'(x) = \frac{3}{4}x^2 - 6x + 9$; $a''(x) = \frac{3}{2}x - 6$; $a'''(x) = \frac{3}{2}$

$a'(x) = 0 \Rightarrow \frac{3}{4}(x^2 - 8x + 12) = 0 \Rightarrow x = 2,\; x = 6$

$a''(2) < 0,\; a''(6) > 0 \qquad \Rightarrow x = 2$ (Max); $x = 6$ (Min)

Wendepunkt: $a''(x) = 0 \Rightarrow \frac{3}{2}x - 6 = 0 \Rightarrow x = 4$

$a'''(4) \neq 0 \qquad \Rightarrow x = 4$ (WP)

Wertetafel:

x	–2	0	2	4	6	8
a(x)	–32	0	8	4	0	8

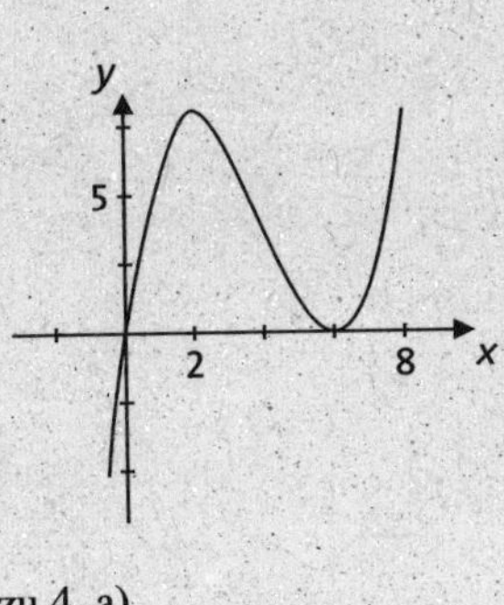

zu 4. a)

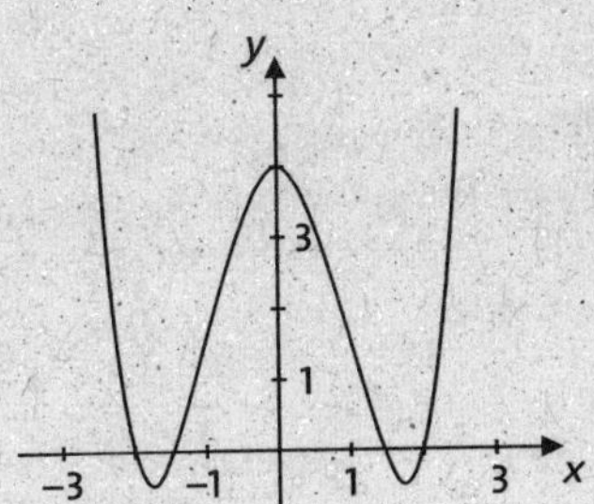

zu 4. b)

b) Definitionsbereich: $D = \mathbf{R}$

Nullstellen: $b(x) = 0 \Rightarrow \frac{1}{2}(x^4 - 6x^2 + 8) = 0$

$\Rightarrow x = -2,\ x = 2,\ x = -\sqrt{2},\ x = \sqrt{2}$

Symmetrie: $b(x) = b(-x) \Rightarrow$ achsensymmetrisch zur y-Achse

Asymptotisches Verhalten:

$$b(x) = x^4\left(\frac{1}{2} - \frac{3}{x^2} + \frac{4}{x^4}\right) \Rightarrow b(x) \to +\infty \text{ für } x \to +\infty$$

$$b(x) \to +\infty \text{ für } x \to -\infty$$

Extrema: $b'(x) = 2x^3 - 6x;\ b''(x) = 6x^2 - 6\ ;\ b'''(x) = 12x$

$b'(x) = 0 \Rightarrow 2x\,(x^2 - 3) = 0 \Rightarrow x = 0,\ x = -\sqrt{3},\ x = \sqrt{3}$

$b''(0) < 0,\ b''(-\sqrt{3}) > 0,\ b''(\sqrt{3}) > 0 \Rightarrow x = 0$ (Max);

$x = -\sqrt{3}$ (Min); $x = \sqrt{3}$ (Min)

Wendepunkte: $b''(x) = 0 \Rightarrow 6\,(x^2 - 1) = 0 \Rightarrow x = 1,\ x = -1$

$b'''(-1) \neq 0,\ b'''(1) \neq 0 \Rightarrow x = 1$ (WP); $x = -1$ (WP)

Wertetafel:

x	0	1	$-\sqrt{3}$	$-\sqrt{2}$	-1
b(x)	17,5	0	$-0{,}5$	0	1,5

x	0	1	$\sqrt{2}$	$\sqrt{3}$	2	3
b(x)	4	1,5	0	$-0{,}5$	0	17,5

c) Definitionsbereich: $D = \mathbf{R} \setminus \{-2|2\}$

Nullstellen: $c(x) = 0 \quad \Rightarrow 2(x^2 - 8) = 0 \Rightarrow x - \sqrt{8},\ x = \sqrt{8}$

Symmetrie: $c(x) = c(-x) \Rightarrow$ achsensymmetrisch zur y-Achse

Asymptotisches Verhalten:

1) $$c(x) = \frac{x^2\left(2 - \frac{16}{x^2}\right)}{x^2\left(1 - \frac{4}{x^2}\right)} \Rightarrow c(x) \to 2 \text{ für } x \to \pm\infty$$

2) Umgebung von $x = 2$, d. h. $x = 2 + h$ mit $h \approx 0$:

$$c(2 + h) = \frac{-8 + 8h + 2h^2}{4h + h^2} \approx \frac{-8}{4h} \Rightarrow c(x) \to +\infty \text{ für } x \to 2^-$$

$$c(x) \to -\infty \text{ für } x \to 2^+$$

3) Umgebung von $x = -2$: $c(x) \to -\infty$ für $x \to -2^-$

$c(x) \to +\infty$ für $x \to -2^+$

Extrema: $c'(x) = \dfrac{16x}{(x^2 - 4)^2}\ ;\ c''(x) = \dfrac{-64 - 48x^2}{(x^2 - 4)^3}$

$c'(x) = 0 \Rightarrow 16x = 0 \Rightarrow x = 0$

$c''(0) > 0 \qquad \Rightarrow x = 0$ (Min)

Wendepunkte: $c''(0) > 0 \Rightarrow -64 - 48x^2 = 0$ nicht möglich

$\Rightarrow$ keine Wendepunkte

Wertetafel:

x	-3	$-\sqrt{8}$	-2	-1	0	1	2	$\sqrt{8}$	3
c(x)	$\frac{2}{5}$	0	–	$\frac{14}{3}$	4	$\frac{14}{3}$	–	0	$\frac{2}{5}$

d) **Definitionsbereich:** $D = \mathbb{R}$

Nullstellen: $d(x) = 0 \Rightarrow 2(x^2 - 8) = 0 \Rightarrow x -\sqrt{8},\ x = \sqrt{8}$

Symmetrie: $d(x) = d(-x) \Rightarrow$ achsensymmetrisch zur y-Achse

Asymptotisches Verhalten:

$$d(x) = \frac{x^2\left(2 - \frac{16}{x^2}\right)}{x^2\left(1 + \frac{4}{x^2}\right)} \Rightarrow d(x) \to 2 \text{ für } x \to \pm\infty$$

Extrema: $d'(x) = \dfrac{48x}{(x+4)^2}$; $d''(x) = \dfrac{4 \cdot 48 - 3 \cdot 48x^2}{(x^2+4)^3}$

$d'(x) = 0 \Rightarrow 48x = 0 \Rightarrow x = 0$

$d''(0) > 0 \qquad \Rightarrow x = 0$ (Min)

Wendepunkte: $d''(x) = 0 \Rightarrow 4 \cdot 48 - 3 \cdot 48x^2 = 0 \Rightarrow x = \frac{2}{3}\sqrt{3},\ x = -\frac{2}{3}\sqrt{3}$ (WP)

Wertetafel:

x	-3	$-\sqrt{8}$	2	$-\frac{2}{3}\sqrt{3}$	0	$\frac{2}{3}\sqrt{3}$	2	$\sqrt{8}$	3
d(x)	$\frac{2}{13}$	0	-1	$-\frac{5}{2}$	-4	$-\frac{5}{2}$	-1	0	$\frac{2}{13}$

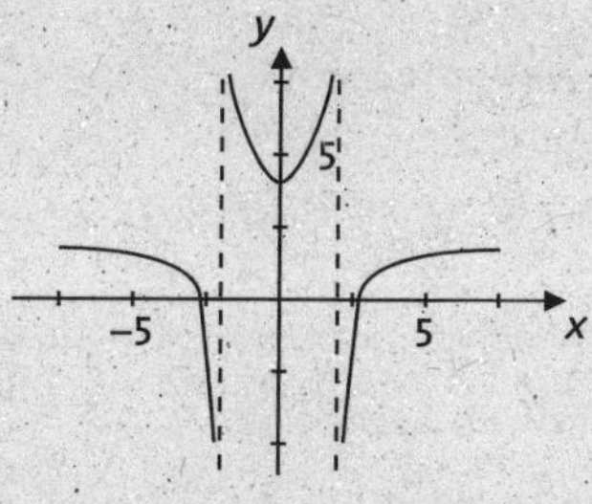

zu 4. c)

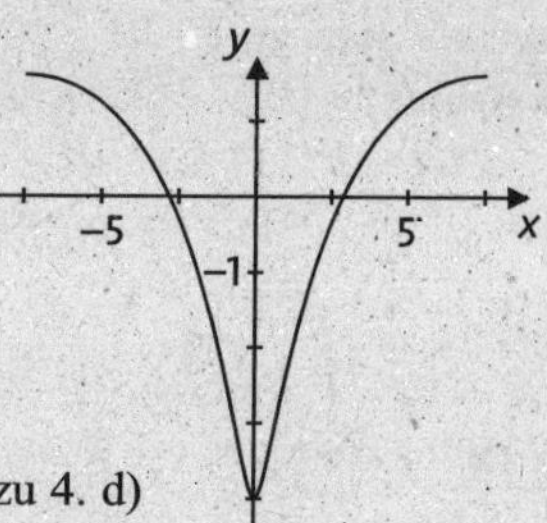

zu 4. d)

e) **Definitionsbereich:** $D = [0|\infty[$

Nullstellen: $e(x) = 0 \Rightarrow x - \sqrt{2x} = 0 \Rightarrow x = 0,\ x = 2$

Symmetrie: keine Symmetrie

Asymptotisches Verhalten:

1) $e(x) = x\left(1 - \sqrt{\frac{2}{x}}\right) \to x$ für $x \to \infty$ $\quad e(x) \to \infty$ für $x \to \infty$

2) $e(x) = x - \sqrt{2x}$ $\quad e(x) \to 0$ für $x \to 0$

Extrema: $e'(x) = 1 - \dfrac{1}{\sqrt{2x}}$; $e''(x) = \dfrac{1}{2x\sqrt{2x}}$

$e'(x) = 0 \Rightarrow 1 - \dfrac{1}{\sqrt{2x}} = 0 \Rightarrow x = \dfrac{1}{2}$

$e'\left(\frac{1}{2}\right) > 0 \qquad \Rightarrow x = \frac{1}{2}$ (Min)

Wendepunkte: $e''(x) = 0 \Rightarrow \dfrac{1}{2x\sqrt{2x}} = 0$ nicht möglich $\Rightarrow$ keine WP

Wertetafel:

x	0	$\frac{1}{2}$	1	2	3	4
e(x)	0	$-\frac{1}{2}$	$-0,41$	0	0,55	1,17

f) **Definitionsbereich:** D =]–6|6[
Nullstellen: $f(x) = 0 \Rightarrow 3x = 0 \Rightarrow x = 0$
Symmetrie: $-f(x) = f(-x)$ punktsymmetrisch zu (0|0)
Asymptotisches Verhalten:

1) $f(x) = \frac{3x}{\sqrt{36 - x^2}}$ $f(x) \to \infty$ für $x \to 6^-$

2) $f(x) = \frac{3x}{\sqrt{36 - x^2}}$ $f(x) \to -\infty$ für $x \to -6^+$

Extrema: $f'(x) = \frac{108}{(36 - x^2)^{1,5}}$; $f''(x) = \frac{324x}{(36 - x^2)^{2,5}}$

$f'(x) = 0 \Rightarrow 108 \neq 0 \Rightarrow$ keine Extrema

Wendepunkte: $f''(x) = 0 \Rightarrow 324x = 0 \Rightarrow x = 0$ (WP)

Wertetafel:

x	–4	–2	0	2	4
f(x)	–2,68	–1,06	0	1,06	2,68

g) **Definitionsbereich:** D = **R**
Nullstellen: $g(x) = 0 \Rightarrow \sin^2 x = 0 \Rightarrow \sin x = 0 \Rightarrow x = 0, x = \pm\pi, x = \pm 2\pi, \ldots$
Periodizität: $g(x) = f(x + p) \Rightarrow \sin^2 x = \sin^2(x + p) \Rightarrow$ Periodenlänge $p = \pi$
Extrema: $g'(x) = 2\sin x \cos x$; $g''(x) = 2(-\sin^2 x + \cos^2 x)$

$g'(x) = 0 \Rightarrow 2\sin x \cos x = 0 \Rightarrow \sin x = 0 \vee \cos x = 0$

$\Rightarrow x = 0, x = \pm\pi, x = \pm 2\pi, \ldots \vee x = \pm\frac{1}{2}\pi, x = \pm\frac{3}{2}\pi, \ldots$

$g''(0) > 0, g''(\pi) > 0, \ldots, g''\left(\pm\frac{1}{2}\pi\right) < 0, \ldots$

$\Rightarrow x = 0; x = \pm\pi; x = \pm 2\pi, \ldots$ (Min); $x = \pm\frac{1}{2}\pi, x = \pm\frac{3}{2}\pi, \ldots$ (Max)

Wendepunkte: $g''(x) = 0 \Rightarrow -\sin^2 x + \cos^2 x = 0 \Rightarrow \tan^2 x = 1$

$\Rightarrow x = \pm\frac{1}{4}\pi, x = \pm\frac{3}{4}\pi, x = \pm\frac{5}{4}\pi, \ldots$ (WP)

Wertetabelle:

x	0	$\frac{1}{4}\pi$	$\frac{1}{2}\pi$
g(x)	0	$\frac{1}{2}$	1

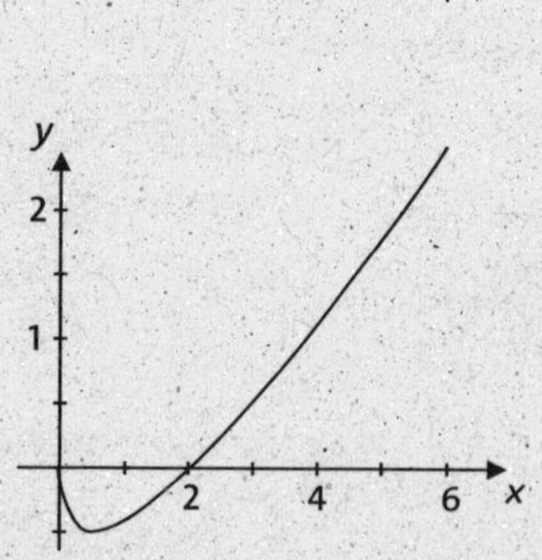

zu 4. e)

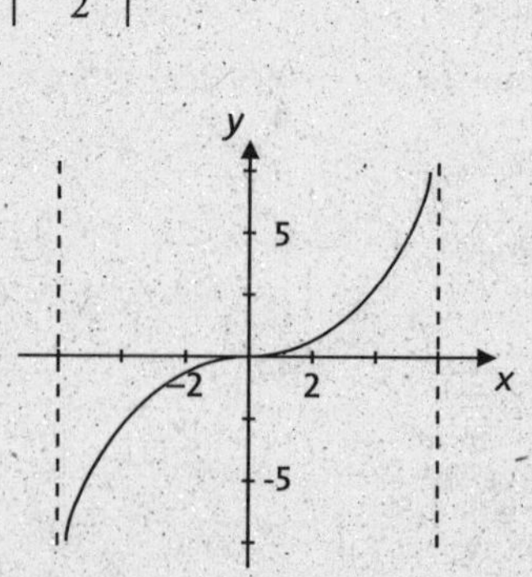

zu 4. f)

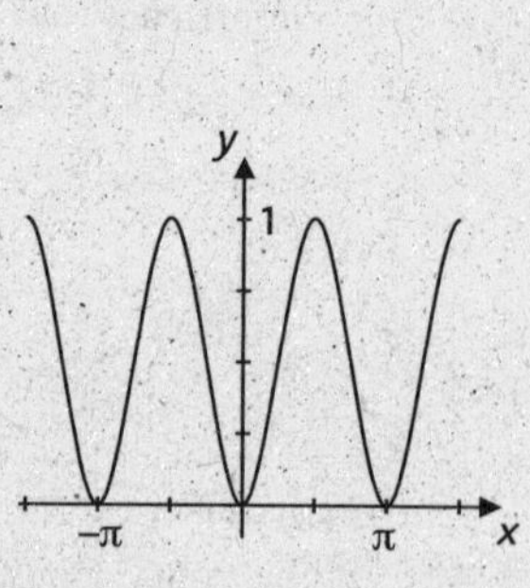

zu 4. g)

h) Definitionsbereich: D = **R**

Nullstellen: $h(x) = 0 \Rightarrow \sin 2x + 2\cos x = 0 \Rightarrow 2\sin x\cos x + 2\cos x = 0$

$\Rightarrow 2\cos x(\sin x + 1) = 0 \Rightarrow x = \pm\frac{1}{2}\pi,\ x = \pm\frac{3}{2}\pi, \dots$

Periodizität: $h(x) = h(x + p) \Rightarrow \sin 2x + 2\cos x = \sin 2(x + p) + \cos(x + p)$

$\Rightarrow$ Periodenlänge $p = 2\pi$

Extrema: $h'(x) = 2\cos 2x - 2\sin x;\ h''(x) = -4\sin 2x - 2\cos x$

$h'(x) = 0 \Rightarrow \cos 2x - \sin x = 0 \Rightarrow \cos^2 x - \sin^2 x - \sin x = 0$

$\Rightarrow 1 - 2\sin^2 x - \sin x = 0 \Rightarrow x = \frac{1}{6}\pi,\ x = \frac{5}{6}\pi,\ x = \frac{3}{2}\pi, \dots$

$h''\left(\frac{1}{6}\pi\right) < 0,\ h''\left(\frac{5}{6}\pi\right) > 0,\ h''\left(\frac{3}{2}\pi\right) = 0 \Rightarrow x = \frac{1}{6}\pi$ (Max), $x = \frac{5}{6}\pi, \dots$(Min)

Wendepunkte:

$h''(x) = 0 \Rightarrow -4\sin 2x - 2\cos x = 0 \Rightarrow -8\sin x\cos x - 2\cos x = 0$

$\Rightarrow \cos x = 0 \vee \sin x = -\frac{1}{4} \Rightarrow x = \frac{1}{2}\pi,\ x = \frac{3}{2}\pi, \dots,\ x \approx 6{,}03 \dots$ (WP)

Wertetabelle:

x	0	$\frac{1}{6}\pi$	$\frac{1}{2}\pi$	$\frac{5}{6}\pi$	$\frac{3}{2}\pi$	6,03
h(x)	2	$\frac{3}{2}\sqrt{3}$	0	$-\frac{3}{2}\sqrt{3}$	0	1,45

i) Definitionsbereich: D = **R**

Nullstellen: $i(x) = 0 \Rightarrow xe^{-0,2x} = 0 \Rightarrow x = 0$

Symmetrie: $i(x) \neq i(-x) \Rightarrow$ nicht achsensymmetrisch zur y-Achse

$-i(x) \neq i(-x) \Rightarrow$ nicht punktsymmetrisch zu (0|0)

Asymptotisches Verhalten: 1) $i(x) = xe^{-0,2x} \to 0$ für $x \to \infty$

2) $i(x) = xe^{-0,2x} \to -\infty$ für $x \to -\infty$

Extrema: $i'(x) = -0{,}2xe^{-0,2x} + e^{-0,2x};\ i''(x) = 0{,}04xe^{-0,2x} - 0{,}4e^{-0,2x}$

$i'(x) = 0 \Rightarrow -0{,}2xe^{-0,2x} + e^{-0,2x} = 0 \Rightarrow x = 5$

$i''(5) < 0 \Rightarrow x = 5$ (Max)

Wendepunkte: $i''(x) = 0 \Rightarrow e^{-0,2x}(0{,}04x - 0{,}4) = 0 \Rightarrow x = 10$ (WP)

Wertetafel:

x	–5	0	5	10
i(x)	–13,59	0	1,84	1,35

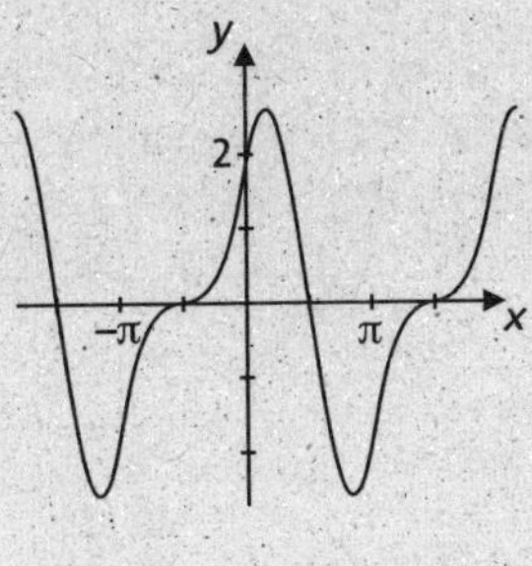

zu 4. h)

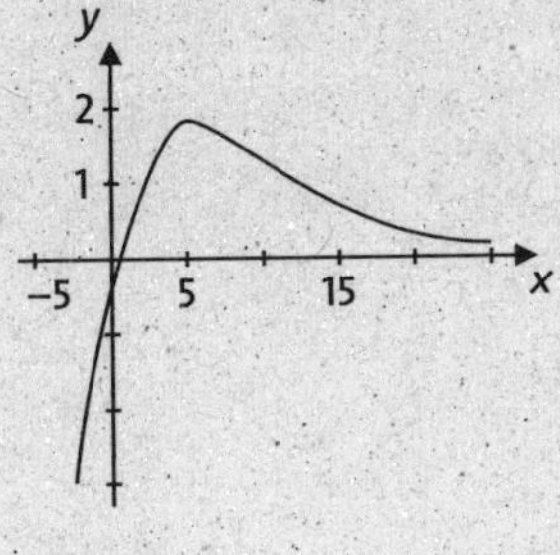

zu 4. i)

j) Definitionsbereich: $D = \mathbb{R}$

Nullstellen: $j(x) = 0 \Rightarrow (2x + x^2)e^x = 0 \Rightarrow x = 0,\ x = 2$

Symmetrie: $j(x) \neq j(-x) \Rightarrow$ nicht achsensymmetrisch zur y-Achse

$-j(x) \neq j(-x) \Rightarrow$ nicht punktsymmetrisch zu (0|0)

Asymptotisches Verhalten: 1) $j(x) = (2x - x^2)e^x \to -\infty$ für $x \to \infty$

2) $j(x) = (2x - x^2)e^x \to 0$ für $x \to -\infty$

Extrema: $j'(x) = (2 - x^2)e^x;\ j''(x) = (2 - 2x - x^2)e^x$

$j'(x) = 0 \Rightarrow (2 - x^2)e^x = 0 \Rightarrow x = \sqrt{2},\ x = -\sqrt{2}$

$j''(\sqrt{2}) < 0,\ j''(-\sqrt{2}) > 0 \Rightarrow x = -\sqrt{2}$ (Min), $x = \sqrt{2}$ (Max)

Wendepunkte: $j''(x) = 0 \Rightarrow (2 - 2x - x^2)e^x = 0 \Rightarrow x = -1 - \sqrt{3},\ x = -1 + \sqrt{3}$ (WP)

Wertetafel:

x	$-1-\sqrt{3}$	$-\sqrt{2}$	0	$-1+\sqrt{3}$	$\sqrt{2}$	2
j(x)	–0,84	–1,17	0	1,93	3,41	0

k) Definitionsbereich: $D =]0|\infty[$

Nullstellen: $k(x) = 0 \Rightarrow x \lg x = 0 \Rightarrow (0 \notin D)\quad x = 1$

Symmetrie: keine Symmetrie

Asymptotisches Verhalten: 1) $k(x) = x \lg x \to 0$ für $x \to 0$

2) $k(x) = x \lg x \to \infty$ für $x \to \infty$

Extrema: $k'(x) = \frac{1}{\ln 10} + \lg x;\ k''(x) = \frac{1}{\ln 10} \cdot \frac{1}{x}$

$k'(x) = 0 \Rightarrow \frac{1}{\ln 10} + \lg x = 0 \Rightarrow x = 10^{-1/\ln 10} \approx 0{,}368$

$k''(0{,}368) > 0 \qquad \Rightarrow x = 10^{-1/\ln 10}$ (Min)

Wendepunkte: $k''(x) = 0 \Rightarrow \frac{1}{\ln 10} \cdot \frac{1}{x} = 0$ nicht möglich $\Rightarrow$ kein WP

Wertetafel:

x	0,368	1	2,5
k(x)	–0,160	0	0,99

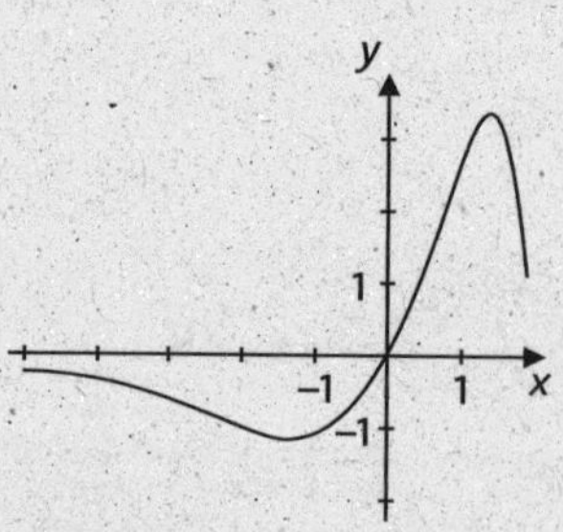

zu 4. j)

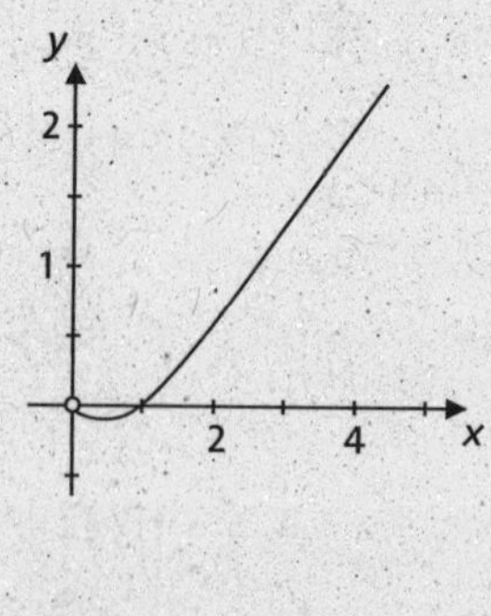

zu 4. k)

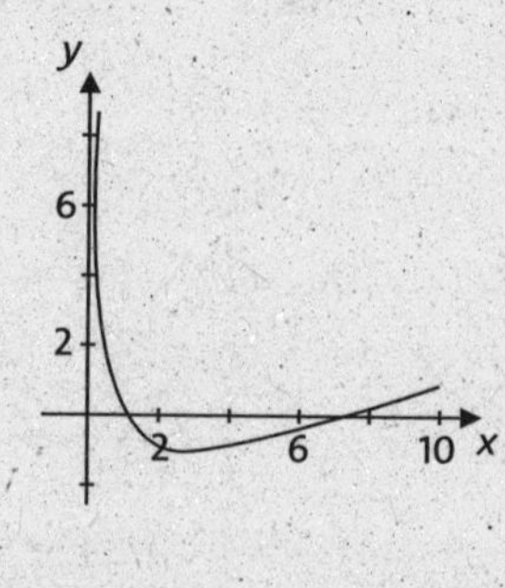

zu 4.l)

l) **Definitionsbereich:** $D =]0|\infty[$
Nullstellen: $l(x) = 0 \Rightarrow (\ln x)^2 - 2\ln x = 0 \Rightarrow \ln x\,(\ln x - 2) = 0$
$\Rightarrow x = 1,\ x = e^2$

Symmetrie: keine Symmetrie
Asymptotisches Verhalten: 1) $l(x) = \ln x\,(\ln x - 2) \to \infty$ für $x \to 0$
2) $l(x) = \ln x\,(\ln x - 2) \to \infty$ für $x \to \infty$

Extrema: $l'(x) = \frac{2}{x \ln x} - \frac{2}{x}$; $l''(x) = \frac{4}{x^2} - \frac{2}{x^2}\ln x$

$l'(x) = 0 \Rightarrow \frac{2}{x}(\ln x - 1) = 0 \Rightarrow x = e$

$l''(e) > 0 \Rightarrow x = e$ (Min)

Wendepunkte: $l''(x) = 0 \Rightarrow \frac{2}{x^2}(2 - \ln x) = 0 \Rightarrow x = e^2$ (WP)

Wertetafel:

x	1	e	e^2
l(x)	0	–1	0

11. Gesucht wird …

Seite 96

1. a)

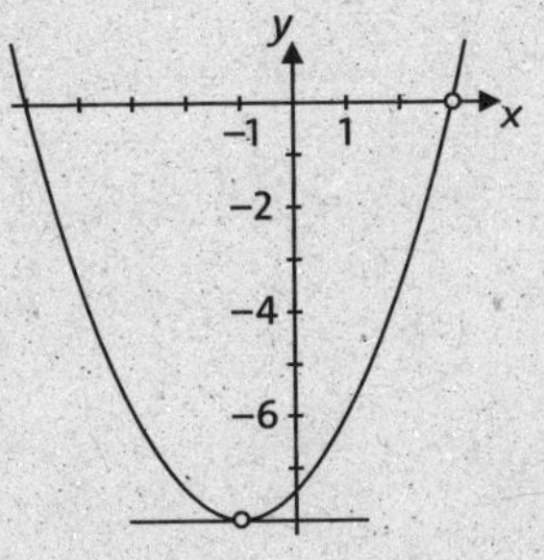

Polynom 2. Grades	$f(x) = ax^2 + bx + c$
	$f'(x) = 2ax + b$
(–1|–8) ist Minimum:	$f(-1) = -8 \wedge f'(-1) = 0$
(3|0) ist Nullstelle:	$f(3) = 0$
Das Gleichungssystem:	$a - b + c = -8 \wedge$
	$-2a + b = 0 \wedge$
	$9a + 3b + c = 0$
Lösung:	$a = \frac{1}{2} \wedge b = 1 \wedge c = -\frac{15}{2}$
Der Funktionsterm:	$f(x) = \frac{1}{2}x^2 + x - \frac{15}{2}$

b)

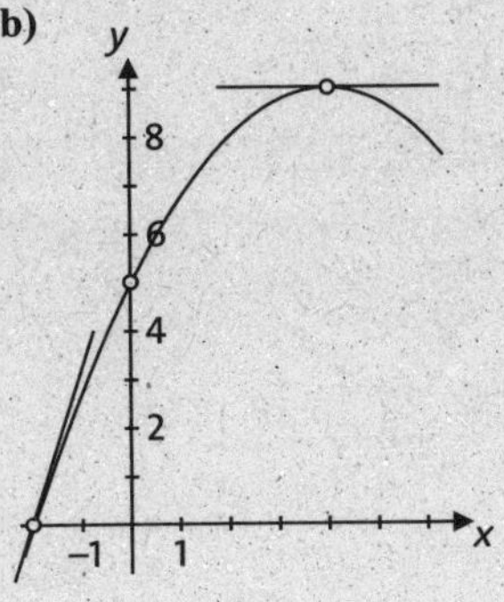

Polynom 2. Grades:	$f(x) = ax^2 + bx + c$
	$f'(x) = 2ax + b$
Maximum bei x = 4:	$f'(4) = 0$
Nullstelle bei x = –2:	$f(-2) = 0$
Anstieg 3 in der Nullstelle:	$f'(-2) = 3$
Das Gleichungssystem:	$8a + b = 0 \wedge$
	$4a - 2b + c = 0 \wedge$
	$-4a + b = 3$
Die Lösung:	$a = -\frac{1}{4} \wedge b = 2 \wedge c = 5$
Der Funktionsterm:	$f(x) = -\frac{1}{4}x^2 + 2x + 5$

2. a)

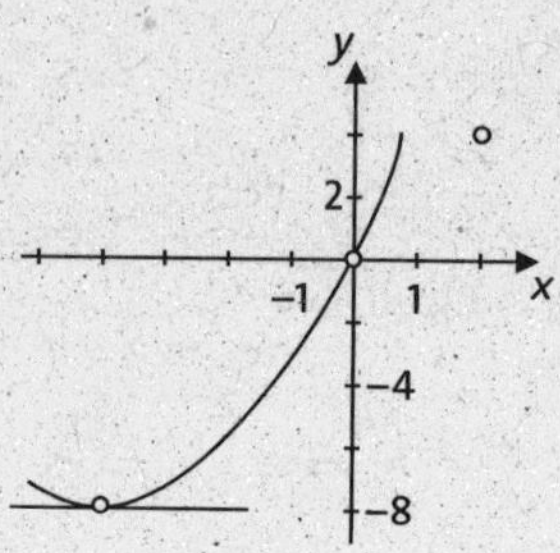

Man erkennt: (2|4) liegt zu weit abseits, um von dem Parabelbogen getroffen zu werden.

b) Polynom 2. Grades: $f(x) = ax^2 + bx + c$

$f'(x) = 2ax + b$

Minimum in (−4| −8): $f(-4) = -8 \wedge f'(-4) = 0$

(0|0) gehört zu f: $f(0) = 0$

(2|4) gehört zu f: $f(2) = 4$

Das Gleichungssystem: $16a - 4b + c = -8 \wedge$

$-8a + b = 0 \wedge$

$0a + 0b + c = 0 \wedge$

$4a + 2b + c = 4$

Wegen c = 0 folgt: $4a - b = -2 \wedge b = 8a \wedge$

$c = 0 \wedge 2a + b = 2$

Mit b = 8a führen die erste und die letzte Gleichung auf den Widerspruch $a = \frac{1}{2} \wedge a = \frac{1}{5}$; das System ist nicht lösbar.

Seite 97

3. $p(x) = ax^3 + bx^2$; $p'(x) = 3ax^2 + 2bx$; $p''(x) = 6ax + 2b$

a)	$p(2) = 2$	$8a + 4b = 2$	$a = \frac{1}{12}$	
	$p(-4) = 0$	$-64a + 16b = 0$	$b = \frac{1}{3}$	$p(x) = \frac{1}{12}x^3 + \frac{1}{3}x^2$
b)	$p(1) = 1$	$a + b = 1$	$a = 1994$	
	$p'(1) = 1996$	$3a + 2b = 1996$	$b = -1993$	$p(x) = 1994\,x^3 - 1993\,x^2$
c)	$p'(0) = 0$	$0 = 0$ (!)		
	$p'(4) = 0$	$48a + 8b = 0$	$b = -6a$	$p(x) = ax^3 - 6ax^2$ (!)
d)	$p(1) = -1$	$a + b = -1$	$a = \frac{1}{2}$	
	$p''(1) = 0$	$6a + 2b = 0$	$b = -\frac{3}{2}$	$p(x) = \frac{1}{2}x^3 - \frac{3}{2}x^2$

4. a) $p(x) = ax^4 + bx^3 + cx^2 + dx + e$;

$p'(x) = 4ax^3 + 3bx^2 + 2cx + d$; $p''(x) = 12ax^2 + 6bx + 2c$

(0|1) gehört zu p:	$p(0) = 1$	$e = 1$
Anstieg in (0|1) ist −2:	$p'(0) = -2$	$d = -2$
(1|0) gehört zu p:	$p(1) = 0$	$a + b + c - 2 + 1 = 0$
Anstieg in (1|0) ist 0:	$p'(1) = 0$	$4a + 3b + 2c - 2 = 0$
(1|0) ist Wendepunkt:	$p''(1) = 0$	$12a + 6b + 2c = 0$

$p(x) = -x^4 + 2x^3 - 2x + 1$

b)

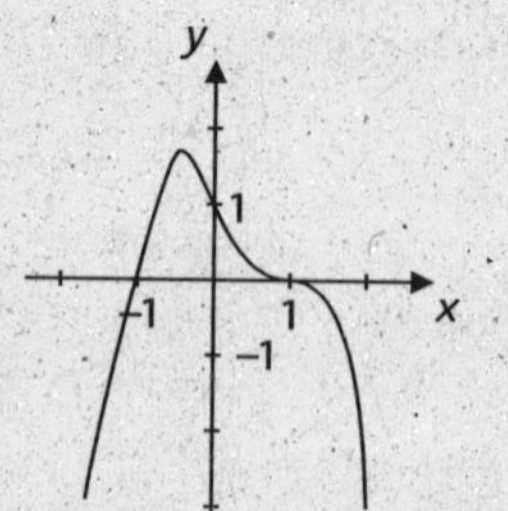

5. a) Es sind Polynome 4. Grades: $p(x) = ax^4 + bx^3 + cx^2 + dx + e$
Sie sind achsensymmetrisch zur y-Achse: $p(x) = p(-x)$
(0|0) ist allen gemeinsam: $p(0) = 0$
In (0|0) verlaufen sie waagerecht: $p'(0) = 0$
Sie haben bei x = 2 ein Extremum: $p'(2) = 0$

b) Die in a) genannten Eigenschaften führen auf: $p(x) = ax^4 + cx^2 + e$
$e = 0$
$0 = 0$
$32a + 4c = 0$
d. h. $p(x) = a(x^4 - 8x^2)$

c) p(2) = 2 führt auf $p(x) = -\frac{1}{8}x^4 + x^2$

6. a) $g(x) = \frac{ax + b}{cx + d}$; $g'(x) = \frac{da - bc}{(3c + d)^2} = -1$
Nullstelle bei x = 3: $g(3) = 0 \quad \Rightarrow 3a + b = 0$
Anstieg bei x = 3 ist – 1: $g'(3) = -1 \quad \Rightarrow \frac{da - bc}{(3c + d)^2} = -1$
Nicht definiert in x = 2:
g(2) nicht definiert $\Rightarrow 2c + d = 0$
$\Rightarrow a = -c \wedge b = 3c \wedge d = -2c$
$g(x) = \frac{-x + 3}{x - 2}$

7. $f(x) = (ax^2 + bx - c)\,e^x$; $f'(x) = (ax^2 + bx + 2ax + b - c)\,e^x$
(0|1) gehört zu f: $f(0) = 1 \quad \Rightarrow (-c)e^0 = 1$
In (0|1) ist der Anstieg –2: $f'(0) = -2 \quad \Rightarrow (b - c)\,e^0 = -2$
Extremum bei x = –1: $f'(-1) = 0 \quad \Rightarrow (a - b - 2a + b - c)e^{-1} = 0$
$\Rightarrow a = 1 \wedge b = -3 \wedge c = -1$

$f(x) = (x^2 - 3x + 1)e^x$

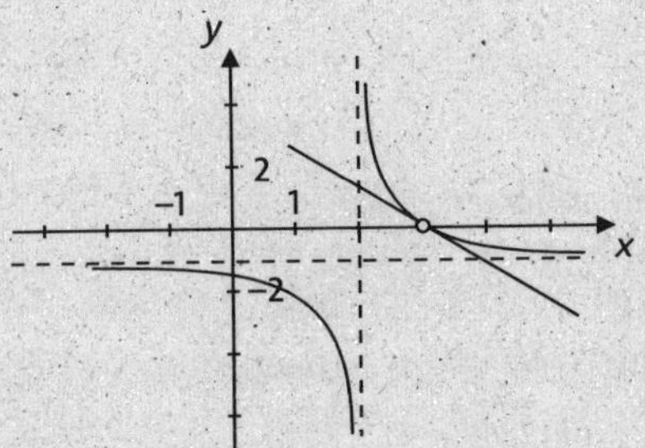

zu 6.

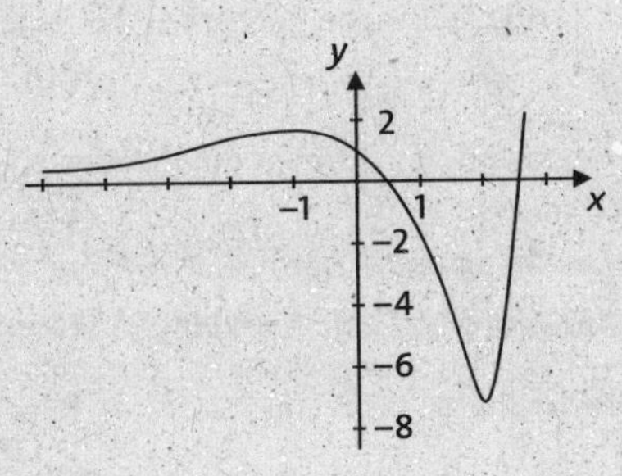

zu 7.

12. Extremwertprobleme

Seite 109

1. a) Problemstellung: Es geht um den Flächeninhalt.

Zielfunktion: $F(x;y) = x \cdot y$

Nebenbedingung: $2x + 2y = 500$

Reduzierung auf eine Variable: $F(x) = 250x - x^2,\ x \in [0|250]$

Berechnung des Extremums: $F'(x) = 250 - 2x$

$F'(x) = 0 \Rightarrow x = 125\ \text{m};\ y = 125\ \text{m}$

Das größtmögliche Rechteck ist das Quadrat.

b) Problemstellung: Es geht um den Umfang.

Zielfunktion: $U(x,y) = 2x + 2y$

Nebenbedingung: $x \cdot y = 5000$

Reduzierung auf eine Variable: $U(x) = 2x + \frac{10000}{x},\ x \in [0|\infty[$

Berechnung des Extremums: $U'(x) = 2 - \frac{10000}{x^2}$

$U'(x) = 0 \Rightarrow x = \sqrt{5000},\ y = \sqrt{5000}$

Das Rechteck geringsten Umfangs ist das Quadrat.

2. a) Problemstellung: Es geht um die Kosten der Einzäunung.

Zielfunktion: $K(x,y) = 40x + 60y$

Nebenbedingung: $x \cdot y = 4800$

Reduzierung auf eine Variable: $K(x) = 40x + \frac{288\,000}{x},\ x \in [0|\infty[$

Berechnung des Extremums: $K'(x) = 40 - \frac{288\,000}{x^2}$

$K'(x) = 0 \Rightarrow x = \sqrt{7200} \approx 84{,}85;$

$y = \frac{4800}{\sqrt{7200}} \approx 56{,}57.$

Die geringsten Kosten entstehen bei einer Länge von ca. 84,85 m und einer Breite von ca. 56,57 m.

b) Problemstellung: Es geht um die Kosten der Einzäunung.

Zielfunktion: $K(x,y) = 50x + 65y$

Nebenbedingung: $x \cdot y = 4800$

Reduzierung auf eine Variable: $K(x) = 50x + \frac{312\,000}{x},\ x \in [0|\infty[$

Berechnung des Extremums: $K'(x) = 50 - \frac{312\,000}{x^2}$

$K'(x) = 0 \Rightarrow x = \sqrt{6240} \approx 78{,}99,$

$y = \frac{4800}{\sqrt{6240}} \approx 60{,}76.$

Die geringsten Kosten entstehen bei einer Länge von ca. 78,99 m und einer Breite von ca. 60,76 m.

3. Problemstellung: Es geht um die Gartenfläche.
Zielfunktion: $G(x,y) = (40 + x) \cdot y$
Nebenbedingung: $(2x + 40) + 2y = 80$
Reduzierung auf eine Variable: $G(x) = (40 + x)(20 - x),\ x \in [0|20]$
Berechnung des Extremums: $G'(x) = -20 - 2x$
$G'(x) = 0 \Rightarrow x = -10$

Der Wert $x = -10$ kommt als Lösung nicht in Frage, er gehört nicht zum Definitionsbereich. Hier liegt ein Randextremum für $x = 0$ vor. Die größtmögliche Gartenfläche erhält man bei der Länge 40 m und der Breite 20 m.

4. a) Problemstellung: Es geht um das Volumen der Schachtel.
Zielfunktion: $V(l,b,h) = l \cdot b \cdot h$
Nebenbedingungen: $l = 16 - 2h;\ b = 10 - 2h$
Reduzierung auf eine Variable: $V(h) = 160h - 52h^2 + 4h^3,\ h \in [0|5]$
Berechnung des Extremums: $V'(h) = 160 - 104h + 12h^2$
$V'(h) = 0 \Rightarrow \left(h = \frac{20}{3} \notin D\right);\ h = 2$

Das größtmögliche Volumen erhält man bei h = 2 cm, b = 6 cm, l = 12 cm.

b) Problemstellung: Es geht um das Volumen der Schachtel.
Zielfunktion: $V(x,y,z) = x \cdot y \cdot z$
Nebenbedingungen: $y = 8 - x;\ z = 10 - 2x$
Reduzierung auf eine Variable: $V(x) = (8 - x)(10 - 2x)x$
$= 80x - 26x^2 + 2x^3,\ x \in [0|5]$
Berechnung des Extremums: $V'(x) = 80 - 52x + 6x^2$
$V'(x) = 0 \Rightarrow (x = \frac{20}{3} \notin D);\ x = 2$

Das größtmögliche Volumen erhält man bei x = 2 cm, y = 6 cm, z = 6 cm.

Seite 110

5. a) Problemstellung: Es geht um die Oberfläche der Kiste.
Zielfunktion: $F(l,b,h) = 2 \cdot lb + 2 \cdot lh + 2 \cdot bh$
Nebenbedingungen: $l = 2b,\ V = l \cdot b \cdot h = 9$
Reduzierung auf eine Variable: $F(b) = 4b^2 + \frac{27}{b},\ b \in [0|\infty[$
Berechnung des Extremums: $F'(b) = 8b - \frac{27}{b^2}$
$F'(b) = 0 \Rightarrow b = \frac{3}{2}$

Die geringste Oberfläche hat die Kiste der Länge 3 m, der Breite $\frac{3}{2}$ m, der Höhe 2 m.

b) Problemstellung: Es geht um das Volumen der Kiste.
Zielfunktion: $V(l,b,h) = l \cdot b \cdot h$
Nebenbedingungen: $l = 2b,\ F = 2 \cdot lb + 2 \cdot lh + 2 \cdot bh = 27$
Reduzierung auf eine Variable: $V(b) = -\frac{4}{3}b^3 + 9b,\ b \in [0|\infty[$
Berechnung des Extremums: $V'(b) = -4b^2 + 9$
$V'(b) = 0 \Rightarrow b = \frac{3}{2}$

Das größte Volumen hat die Kiste der Länge 3 m, der Breite $\frac{3}{2}$ m, der Höhe 2 m.

c) Problemstellung: Es geht um die Kosten der Kiste.

Zielfunktion: $K(l,b,h) = 20 \cdot lb + 10(lb + 2 \cdot lh + 2 \cdot bh)$

Nebenbedingungen: $l = 2b,\ V = l \cdot b \cdot h = 9$

Reduzierung auf eine Variable: $K(b) = 60b^2 + \frac{270}{b},\ b \in [0|\infty[$

Berechnung des Extremums: $K'(b) = 120b - \frac{270}{b^2}$

$K'(b) = 0 \Rightarrow b = \sqrt[3]{\frac{9}{4}} \approx 1{,}31$

Die geringsten Kosten entstehen bei einer Kiste mit $b = \sqrt[3]{\frac{9}{4}}$ m, $l = 2\sqrt[3]{\frac{9}{4}}$ m, $h = \sqrt[3]{2 \cdot 9}$ m.

6. Problemstellung: Es geht um die Zeit, in welcher der Radfahrer B erreicht.

Zielfunktion: $T(x,y) = \frac{x}{15} + \frac{y}{5}$

Nebenbedingung: $y^2 = (15 - x)^2 + 36$

Reduzierung auf eine Variable: $T(x) = \frac{x}{15} + \frac{1}{5}\sqrt{(15 - x)^2 + 36}$

Berechnung des Extremums: $T'(x) = \frac{1}{15} - \frac{1}{5}\,\frac{15 - x}{\sqrt{(15 - x)^2 + 36}}$

$T'(x) = 0 \Rightarrow x = 15 - \frac{3}{2}\sqrt{2} \approx 12{,}879$

B wird am schnellsten erreicht, wenn die Straße nach 12,88 km verlassen wird.

7. a) Problemstellung. Es geht um die Fläche, die bedruckt werden kann.

Zielfunktion: $F(x,y) = x \cdot y$

Nebenbedingung: $15 \cdot 6 \cdot 5 = (x + 2)(y + 2) \cdot 5$

Reduzierung auf eine Variable: $F(x) = \frac{90x}{x + 2} - 2x$

Berechnung des Extremums: $F'(x) = \frac{180}{(x + 2)^2} - 2x$

$F'(x) = 0 \Rightarrow x = \sqrt{90} - 2 \approx 7{,}49$

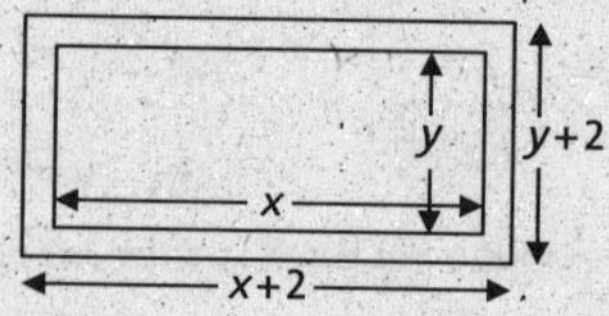

Die größte bedruckte Fläche hat das quadratische Format mit $x = (\sqrt{90} - 2)$ cm, $y = (\sqrt{90} - 2)$ cm.

b) Problemstellung: Es geht um die Kosten des Inserats.

Zielfunktion: $K(x,y) = 5 \cdot x \cdot y$

Nebenbedingung: $(15 - 2)(6 - 2) = (x - 2)(y - 2)$

Reduzierung auf eine Variable: $K(x) = \frac{260x}{x-2} + 10x$

Berechnung des Extremums: $K'(x) = \frac{-520}{(x-2)^2} + 10$

$K'(x) = 0 \Rightarrow x = \sqrt{52} + 2 \approx 9{,}21$

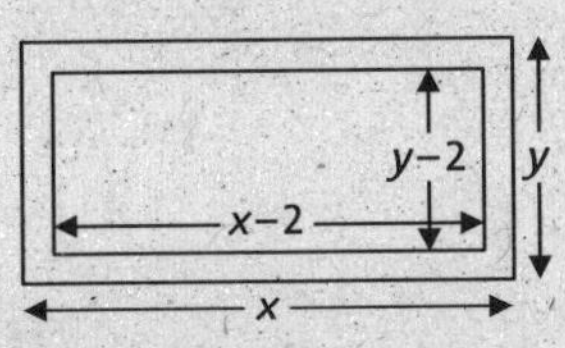

Die geringsten Kosten entstehen beim Format $(\sqrt{52} + 2)$ cm mal $(\sqrt{52} + 2)$ cm.

8. a) Problemstellung: Es geht um die Entfernungen.

Zielfunktion: $E(x,y) = \sqrt{x^2 + y^2}$

Nebenbedingung: $y = -\frac{1}{5}x^2 + 5$

Reduzierung auf eine Variable: $E(x) = \sqrt{x^2 + \left(-\frac{1}{5}x^2 + 5\right)^2}$

Berechnung des Extremums: $E'(x) = \dfrac{x - \frac{2}{5}x\left(-\frac{1}{5}x^2 + 5\right)}{\sqrt{x^2 + \left(-\frac{1}{5}x^2 + 5\right)^2}}$

$E'(x) = 0 \Rightarrow (x = 0! \vee)\ x = \frac{5}{2}\sqrt{2} \vee x = -\frac{5}{2}\sqrt{2}$

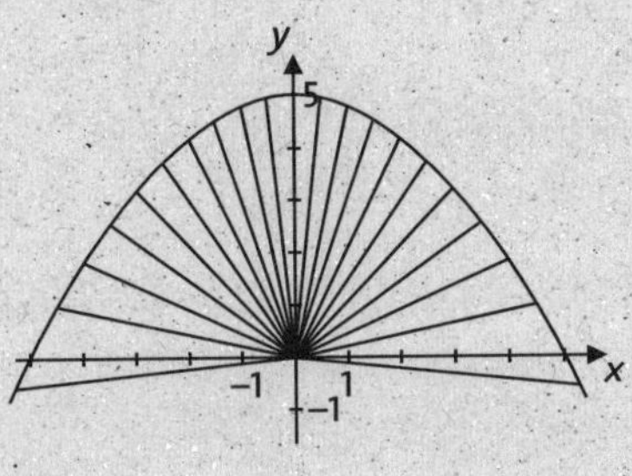

Die geringste Entfernung haben die (symmetrisch liegenden) Punkte $\left(\frac{5}{2}\sqrt{2}\,\middle|\,\frac{5}{2}\right)$ bzw. $\left(-\frac{5}{2}\sqrt{2}\,\middle|\,\frac{5}{2}\right)$.

b) Problemstellung: Auch hier geht es um die Entfernungen.

Zielfunktion: $E(x,y) = \sqrt{x^2 + (y+5)^2}$

Nebenbedingung: $y = -\frac{1}{5}x^2 + 5$

Reduzierung auf eine Variable: $E(x) = \sqrt{x^2 + \left(-\frac{1}{5}x^2 + 10\right)^2}$

Berechnung des Extremums: $E'(x) = \dfrac{x - \frac{2}{5}x\left(-\frac{1}{5}x^2 + 10\right)}{\sqrt{x^2 + \left(-\frac{1}{5}x^2 + 10\right)^2}}$

$E'(x) = 0 \Rightarrow (x = 0! \vee)\ x = \frac{5}{2}\sqrt{6} \vee x = -\frac{5}{2}\sqrt{6}$

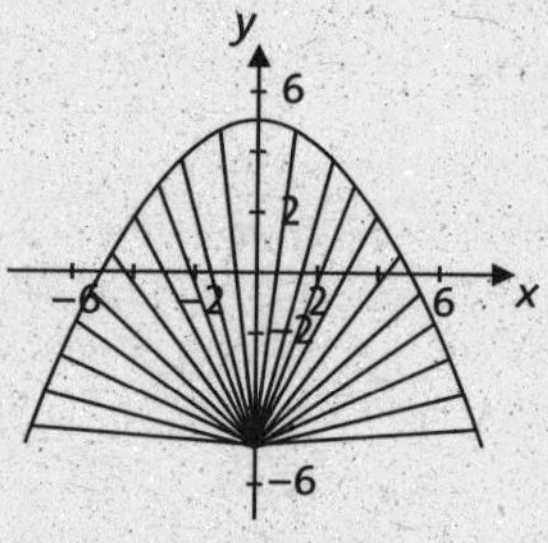

Die geringste Entfernung haben die (symmetrisch liegenden) Punkte $\left(\frac{5}{2}\sqrt{6} \,\middle|\, -\frac{5}{2}\right)$ bzw. $\left(-\frac{5}{2}\sqrt{6} \,\middle|\, -\frac{5}{2}\right)$.

9. Problemstellung: Es geht um das Volumen.

Zielfunktion: $V(x,l) = x^2 \cdot \pi \cdot l$

Nebenbedingung: $l + 2\pi x = 120$

Reduzierung auf eine Variable: $V(x) = 120\pi x^2 - 2\pi^2 x^3$

Berechnung des Extremums: $V'(x) = 240\pi x - 6\pi^2 x^2$

$V'(x) = 0 \Rightarrow (x = 0! \vee)\ x = \frac{40}{\pi} \approx 12{,}73$

Das größte Volumen hat der Zylinder vom Radius $\frac{40}{\pi}$ cm ≈ 12,73 cm und der Länge $l = 40$ cm.

www.cornelsen.de

Dieser Band folgt den Regeln der deutschen Rechtschreibung, die seit August 2006 gelten.

8. 7. 6. 5. 4. Die letzten Ziffern bezeichnen
11 10 09 08 07 Zahl und Jahr der Auflage.

Printed in the Czech Republic
ISBN 978-3-589-22250-6

Stichwortverzeichnis